基礎 **C**言語

インプレス

JN040452

はじめに

　コンピューターがあらゆる場面に浸透した現代において、ただ使うだけではもの足りない、自分で何かアプリを作ってみたい、と思う方もいらっしゃるでしょう。アプリを作るのに必要となるのが、プログラミング言語です。プログラミング言語にはその用途によって実にいろいろな種類があるのですが、その中でもC言語はかなりの古参に属する部類の言語です。

　C言語デビュー当時のコンピューターといえば、情報はキーボードから文字で入力するもので、当然マウスもタブレットもタッチスクリーンもありませんし、ディスプレイに映し出されるものといえば、文字ばかりで、ウィンドウもなければ写真や音楽とも無縁でした。当然メモリーもかなり少なく、ハードディスクも一般的でないような時代です。ただそのような時代の言語だからこそ、C言語はコンピューターというハードウェアと密接にかかわりあっていて、なかなか味わい深いところのあるプログラミング言語でもあります。

　このように書くとC言語は過去のプログラミング言語のように聞こえるかもしれませんが、C言語が他のプログラミング言語に与えた影響は計り知れません。C言語の発展形であるC++言語はゲームプログラミングなどでよく使われますし、JavaやJavaScript、C#のように言語仕様が似た言語も多いです。またC言語自体も、そのコンパクトでハードウェアに直結した言語仕様のため、組み込みなどの特殊な用途では現役です。まさにC言語は、プログラミング言語の原点ともいえる言語なのです。そのため、情報処理技術者試験にも採用されており、C言語を習得することは、現代においても有用なことと言えます。

　本書では、環境の構築から、ポインタやメモリー管理など難しいと言われているトピックまで、C言語の言語仕様を中心に丁寧に解説しています。また、最後の2章で、応用として、Arduinoというマイコンボードを使った組み込みプログラミングを紹介しています。

　C言語プログラミングは、とっつきやすかったり、手っ取り早く役に立ったりするものではないかもしれませんが、ぜひプログラミング言語の原点としてのC言語を味わってほしいと思います。

2022年4月 著者記す

☑ 対象読者

本書は、C言語プログラミングを始めてみたいと考えている人のための本です。プログラミングの知識はなくても構いません。PCの基本的な操作方法にはある程度習熟していることを前提としています。

☑ 本書の記載内容

本書の開発/実行環境はWindows上のUNIX互換環境であるMSYS 2としており、プログラムをMSYS 2上でコンパイルし、実行します。よって、作成するプログラムは（グラフィカルでない）キャラクターベースのプログラムになります。また、マイコンボードであるArduinoで動作するプログラムの作成方法も学びます。

☑ 本書の構成

本書は、全体が3つのPartに分かれており、それぞれのPartにいくつかのChapterがあります。Part 1は、MSYS 2の環境構築と簡単な文字を表示するプログラムを作成してみます。Part 2がいわば本編で、本格的なC言語のプログラムを作っていきます。Part 3では、応用として、Arduinoというマイコンボードでのプログラミングを、そのエミュレーターであるSimulIDEを使って学んでいきます。

各章の内容は以下のようになっています。

PART 1　はじめてのC言語プログラミング

Chapter 1 »　C言語プログラミングの準備

C言語とはどのような言語かを学び、実行環境であるMSYS 2とコンパイラであるgccをインストールします。

Chapter 2 »　はじめてのプログラミング

コンソール上に「Hello World」と表示するプログラムの作成を通じてコンパイルや実行の方法を学んでいきます。表示内容を変えたり、書式を指定して値を表示したりしてみます。

PART 2　C言語の基礎を身に付ける

Chapter 3 »　変数と配列を使う

変数とその型、宣言と初期化、配列といった基本的なデータ構造に関することについて学習します。

Chapter 4 »　条件分岐と演算

条件によってプログラムの流れを変える方法を学びます。また、その条件として指定する式を、演算子を使って組み立てる方法を学びます。

Chapter 5 »　処理を繰り返す

同じ処理を繰り返し実行する方法と、その繰り返しを脱出する方法を学びます。また式の値によって処理を振り分ける方法を学びます。

Chapter 6 »　メモリーを扱う

ポインタの考え方と、大量のメモリーを確保して、それを活用する方法について学びます。

Chapter 7 »　関数を使ってみる

処理を関数という形でひとまとめにして、それを呼び出す方法を学びます。また、main()関数とコマンドライン引数の関係について理解します。

Chapter 8 »　構造体を利用する

いろいろな型の変数をまとめて扱える構造体について理解し、その活用方法を学んでいきます。

Chapter 9 »　ファイル入出力とプログラムファイルの構成

ファイルに保存されたデータを読み込んだり、ファイルにデータを書き出したりするプログラムを作成します。また、インクルードファイルやマクロについて学習します。

PART 3　Arduinoを使ったマイコンプログラミング

Chapter 10 »　Arduinoのプログラミング

Arduinoの概要と、SimulIDEの使用方法を理解し、簡単なArduinoのプログラムを作ることで、Arduinoプログラミングの流れを把握します。

Chapter 11 »　Arduino実践編

スイッチや7セグメントLEDディスプレイを利用して。より複雑なArduinoのプログラムを作成してみます。

Appendix »　練習問題の解答

☑ 本書の表記

リスト　`リスト xx-xx.c` マークが付いた部分は、C言語のソースコードを表しています。「xx-xx.c」というファイル名でサンプルプログラムに収録されており、コンパイル／実行できる形式になっています。

画面　　画面には操作の説明が加えられています。画面には連番が振られており、操作に伴う画面遷移などを解説しています。

URL　　本書に記載されているURLは、執筆時点での情報です。これらのURLは変更される可能性があります。あらかじめご了承ください。

☑ 動作環境

　Windows上でMSYS 2を起動してプログラムを作成していくためには、64ビットのWindows 7以降が必要です。

☑ サンプルプログラムについて

　本書のサンプルプログラムや練習問題のプログラムは、ダウンロードして試せるようになっています。プログラムの作成前に動作を確認したい場合や、練習問題の答えを確認するためにお使いください。コードをそのまま入力するだけでもプログラミングの力は身に付きます。まずは自分でチャレンジしてみてください。プログラムは以下のURLからダウンロードできます。

`URL` https://book.impress.co.jp/books/1119101134

Content 目次

PART 2　C言語の基礎を身に付ける

PART 3 Arduinoを使ったマイコンプログラミング

はじめての
C言語
プログラミング

最初のパートでは、C言語でプログラミングをするための準備から始めて、画面上に文字を表示するところまでを順番に見ていきます。C言語ははっきり言ってとっつきやすい言語とは言えないので、戸惑うことも多いのではないかと思いますが、1つ1つ着実にこなしていきましょう。

プログラミングではプログラムを書き、実行していく経験が何より重要です。ぜひ実際に手を動かしてチャレンジしてみてください。

CHAPTER

1 » C言語プログラミングの準備

この章では、プログラミングとは何か、
C言語とはどのようなプログラミング言語なのかを
紹介していきます。
さらにC言語プログラミングを始めるにあたって
必要となる環境も準備しておきましょう。
知らないことがたくさん出てくるかと思いますが、
焦らずに読み進めていってください。

これから学ぶこと

✔ プログラムやプログラミングとは何かを理解します

✔ コンパイラ方式とインタプリタ方式の違いを学びます

✔ C言語がどういう特徴をもったプログラミング言語なのかを学びます

✔ MSYS2 をダウンロードし、インストールします

✔ C/C++言語のコンパイラであるgccをインストールします

イラスト 1-1 まずはプログラミング環境を準備しましょう

UNIX互換のOSであればたいていC言語プログラミングに必要な環境は整っていますが、Windowsの場合は何らかのソフトウェアをインストールしておく必要があります。今回はWindowsでUNIX互換の環境を作る方向で考えてみます。Linux環境を手軽に再現できるMSYS2とC言語を機械語に翻訳するコンパイラの中でも標準的なgccを採用することにします。

CHAPTER 1

01

プログラミングを
はじめよう

コンピュータにはいろいろな専門用語が登場します。これからC言語のプログ
ラミングを進めていくにあたって、プログラミングとはどういうことなのかを
まず理解しておきましょう。

☑ ソフトウェアとプログラミングの関係

　コンピュータはソフトウェアによって、いろいろな働きをする機械です。ソフトウェアはプログ
ラムとデータに大別されます。プログラムというのは、もともと何かを順序だって行うことを表す
言葉です。スポーツ大会の競技種目やテレビの番組表などのことをプログラムと呼びます。コンピュ
ータにおけるプログラムとは、コンピュータに対する命令を列挙した指示書のことになります。
命令には順番に実行されるものだけではなく、「もし〜だったら」「同じ処理を繰り返す」などの指
示も含みます。

　プログラムは専用の言語を使って作成します。プログラムのもとになるプログラムを作ることを
プログラミングといい、このとき利用する言語のことをプログラミング言語 といいます。プログ
ラムを作成することを「開発する」と表現することもあります。

イラスト 1-2 プログラムとは何かを順序だって行うことです

✔ コンピュータが理解できる言葉

　コンピュータは私たち人間が使う言葉をそのまま理解できるわけではありません。コンピュータは情報を電気的にオンかオフかで扱います。これを「オンのときを1、オフのときを0」と数字で表して、特定の意味を与えたものを機械語といいます。つまり、コンピュータが理解できるのはこの機械語ということになります。

　一方、私たちには普段使っている言語があり、それに近い表現でコンピュータに命令を与えるほうがはるかに効率的です。つまり人間に近いプログラミング言語から機械語への変換が必要となります。人間が使う言語に近いものを高水準言語、機械語に近いものを低水準言語と呼ぶこともあります。

イラスト 1-3 コンピュータは機械語しか使えません

✔ コンパイラ方式とインタプリタ方式

　プログラミング言語には多くの種類があり、その分類方法もさまざまですが、プログラムの実行方法に関していえば、コンパイラ方式とインタプリタ方式に分けられます。

　コンパイラ方式とは「実行前にあらかじめプログラムを変換しておく」方式です。変換することをコンパイルといい、変換するためのツールのことをコンパイラといいます。C/C++言語やJavaなどはコンパイル方式のプログラミング言語です。

　一方、インタプリタ方式は、「プログラムを変換しながら実行する」方式になります。インタプリタとは翻訳者という意味です。インタプリタ方式のプログラムのことをスクリプトと呼ぶこともあります。Python、JavaScript、PHPなどはインタプリタ方式のプログラミング言語（スクリプト言語）です。

✓ コンパイラ方式のメリット、デメリット

　コンパイラ方式のメリットとしては、変換してできたアプリケーションの実行速度が速いことが挙げられます。アクションゲームなど、速度が重視される場合は、コンパイラ方式のプログラミング言語が向いています。また、変換後の機械語のデータを見ても元のプログラムが類推しにくいので、一般ユーザーに配布するパッケージ製品に向いています。

　デメリットとしてはいちいちコンパイルの手間がかかることになります。コンパイルするためには環境の準備が必要になります。

✓ インタプリタ方式のメリット、デメリット

　インタプリタ方式のメリット、デメリットはコンパイラ方式の逆です。プログラムをそのまま実行できるので、手軽に何度も実行できるのがメリットになります。

　デメリットはプログラムの実行速度が遅いことになります。ただし、コンピュータの性能向上により、多くの場合、問題にならなくなってきています。

C言語はどのような言語か

C言語は古典的なプログラミング言語の一種で、現在利用されるケースは限定的になっていますが、JavaやPHPなど多くのプログラミング言語に影響を与えた基本中の基本ともいえるプログラミング言語です。C言語をマスターしておけば、ほかのプログラミング言語を学習するときにもきっと役にたつことでしょう。

✔ C言語の歴史

C言語は1972年にUNIXというOSの開発のために作られたコンパイラ方式のプログラミング言語です。今でもLinuxなどのUNIX系OSとC言語は高い親和性があります。現在のC言語はANSI（米国規格協会）とISO（国際標準化機構）によってその仕様が定められており、2018年に公開されたC18という仕様が最新となります。

✔ C言語の言語仕様

C言語本体の仕様は非常にシンプルで、できることといえば計算程度です。画面に情報を表示することすら単独ではできません。そのような機能は標準で用意されるライブラリという拡張機能によって提供されます。ライブラリには、キーボード入力やファイル入出力のサポート、数学計算や文字列の加工などいろいろな機能が含まれます。グラフィックやサウンドといったさらに高度な機能はサードパーティ[1]のライブラリを利用する必要があります。このように言語仕様的に拡張性に富んでいるのがC言語の特徴の1つです。

もう1つの特徴として、メモリーなどハードウェアに近い部分の操作が容易であることがあります。そのため、工業機械の制御などの用途に向いています。本書でも最後の2章でArduinoというマイコンボードの制御を紹介しています。一方、メモリーの扱いを誤るとすぐに動作不良になってしまうなどのデメリットも併せ持っています。

見た目の特徴としては、記号などを多用した簡潔な表現が挙げられます。少ない手数で記述できて、見通しがよい反面、慣れるまでは何が書かれているかわかりづらいこともあります。

※1　サードパーティとは「第三者」のことを指し、独自の技術を開発したりサポートしたりする企業や団体の総称です。

C++

　C++はC言語の文法のほとんどをサポートしたうえで、オブジェクト指向というプログラミングの考え方を取り入れたプログラミング言語です。今ではC言語単体の開発環境は少なく、C++の開発環境を使ってC言語のプログラミングをすることが多くなっています。両者を組み合わせてC/C++と表記することもあります。

　C++で作成したソフトウェアは、アクションゲームの開発などに使われる例が多いようです。

CHAPTER 1

03

プログラミング環境を準備する

一般にC言語のプログラムはグラフィカルな環境（GUI：Graphical User Interface）で動作するものではなく、キーボードから文字情報を入力し、ディスプレイに文字情報を出力するという形式が基本になります。このような環境のことを CUI（Character User Interface）といいます。コンソール環境 ということもあります。

✓ MSYS2のインストール

　本書ではプログラミングを進める環境として、Windows上でLinuxと同等のコンソール環境を利用できるMSYS2というアプリケーションを使うことにします。次のWebページにアクセスしてMSYS2のプログラムをダウンロードしてください。

https://www.msys2.org/

　冒頭の「msys2-x86_64-(8桁の数値YYYYMMNN).exe」をクリックして、インストーラーをダウンロードします。ダウンロードしたプログラムをダブルクリックすると、画面1-1の左のようなセキュリティの警告ダイアログが表示されます。[詳細情報]をクリックすると下部に[実行]ボタンが出てきますので、クリックしてください。

画面 1-1 セキュリティの警告

セットアッププログラムが起動します（画面1-2）。ガイダンスに沿ってインストールしてください。

画面 1-2 セットアッププログラム

インストール先の指定は、デフォルトのままでよいでしょう（画面1-3）。

画面 1-3 セットアッププログラム「インストール先の指定」

スタートメニューへのショートカット追加も、デフォルトのままでよいでしょう（画面1-4）。

画面 1-4 セットアッププログラム「スタートメニューへのショートカット追加」

設定し終わるとセットアップが進みます（画面1-5）。

画面 1-5 セットアッププログラムの進捗

セットアップが完了すると画面1-6のようになります。

画面 1-6 セットアッププログラムの完了

［完了］ボタンをクリックしてインストーラーを終了しましょう。［今すぐMSYS 2 64bitを実行します。］にチェックが付いているので、すぐに、MSYS 2のコンソールが起動します。次回からはスタートメニューから「MSYS 2 MSYS」を選ぶことで起動できます（画面1-7）。

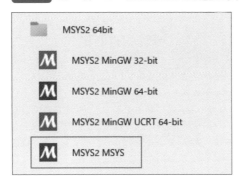

画面 1-7 スタートメニューでMSYS 2 MSYSを選択します

MSYS2のコンソールは次のようになります（画面1-8）。

画面 1-8 MSYS2の起動画面

　黒い画面の左上に文字列が表示されています。1行目には、「自分のログイン名@PC名」に続いて「MSYS2」、「~」と書かれています。末尾のチルダ（~）はカレントディレクトリがホームディレクトリであることを表しています。MSYS2のようなコンソール環境では今自分がどこにいるのかがわかりづらいので、常に情報として表示されています。

　2行目の「$」は入力待ちを表す記号です。このような記号のことをプロンプトといいます。このプロンプトのあとにMSYS2に対するコマンド（命令）を入力していきます。なお、ここに直接C言語のプログラムを書くのではないので、注意してください。

ディレクトリ

　WindowsやMacでいうところのフォルダのことをUNIXではディレクトリと呼びます。そして今見ているディレクトリのことをカレントディレクトリといいます。また、UNIXでは複数のユーザーが同時に利用することが想定されているため、それぞれのユーザー用のディレクトリが決められています。このディレクトリのことをホームディレクトリといいます。通常、ユーザーはホームディレクトリに自分のファイルを格納していきます。

✔ gccのインストール

　MSYS2でC言語のコンパイルを効率的に行うために、Linux環境で一般的に使われているgccというC/C++のコンパイラを追加することにします。

　インストールはとても簡単で、MSYS2の画面1-8で次のように入力して Enter を押すとgccをインストールできます。ここから先は大文字と小文字を間違えないようにしてください。

```
pacman -S gcc
```

　確認メッセージが表示されるので、Y を入力して Enter を押してください（画面1-9）。

画面 1-9 gccのインストール開始

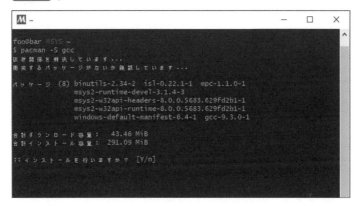

　インストールが終われば、これでひとまず準備は完了です（画面1-10）。次の章からC言語のプログラムを作成していきましょう。

画面 1-10 gccのインストール完了

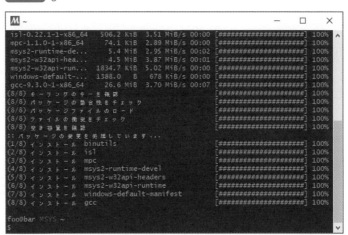

- ✔ アプリケーションはプログラムから作られます。プログラムを作ることをプログラミングといい、そのために用いられる言語のことをプログラミング言語といいます

- ✔ プログラミング言語にはコンパイラ方式とインタプリタ方式があります。C言語はコンパイラ方式のプログラミング言語です

- ✔ C言語はUNIXと高い親和性があります

- ✔ C言語はライブラリと組み合わせて使うことで入出力などの機能を実現できます

- ✔ C言語はハードウェアに近い部分の操作が容易であるという特徴があります

- ✔ 一般にC言語のプログラムはCUIのコンソール上で実行されます

- ✔ WindowsでLinux環境を手軽に実現できるアプリケーションにMSYS2があります

- ✔ gccはLinux環境で一般的に使われるC/C++言語のコンパイラです

練習問題

A 機械語のようなハードウェアに近いプログラミング言語のことを何というでしょうか。

B コンパイラ方式のプログラミング言語の特徴として間違っているものはどれでしょうか。

　① 変換後の機械語のデータから元のプログラムが類推しにくい。
　② 実行前にコンパイルの手間がかかる。
　③ 実行速度が遅い。

C 『Linux環境において「~」(読み方は [1])は、[2] を表している。』
　[1] と [2] に入る言葉を答えてください。

D Linux環境において、入力待ちを表す「$」記号のことを何と呼ぶでしょうか。

CHAPTER

2 » はじめての プログラミング

前章でプログラミングの準備ができたので、
この章からは実際にプログラムを作ってみましょう。
初めてのプログラミングということで、
まだまだわからないことだらけかと思いますが、
1からゆっくりと学んでいきましょう。

これから学ぶこと

✔ C言語のプログラムの基本構造を理解します

✔ 作ったプログラムを実際に実行するまでの手順を学びます

✔ 画面上にさまざまな書式で文字を表示する方法を知ります

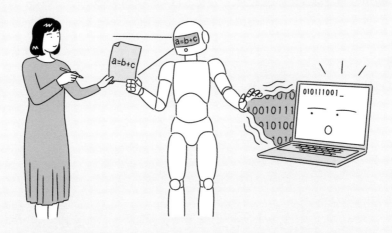

イラスト 2-1 コンパイラが翻訳してくれる

コンピュータは機械語しか理解できません。私たちが作ったC言語のプログラムはコンパイラによって機械語に翻訳されてコンピュータに渡されます。

Hello Worldと 表示してみる

C言語のプログラミングの手始めとして、画面に「Hello World」という文字列を表示させるプログラムを作ってみましょう。なぜ「Hello World」なの？と思われるかもしれませんが、最初のプログラムのお約束のようなものです。プログラム自体はとても簡単ですが、すべての基礎となるプログラムなので、よく理解しておきましょう。

☑ Hello World と表示するプログラム

まずはWindowsのメモ帳などのテキストエディタを開いて、以下のとおりに打ち込んでみてください。大文字と小文字を間違えないように、また、日本語以外の部分や文字のあいだの空白はすべて半角で入力してください。4〜5行目のインデント（段下げ・半角スペース4つ分）も同様です。

`リストHelloWorld.c`

```c
#include <stdio.h>

int main()
{
    printf("Hello World"); /* 文字列を画面に表示する部分 */
    return 0;
}
```

このようなプログラムのもとになるもののことをソースコード といいます（プログラムコードや、たんにコードということもあります）。プログラムは手順書のことですから、ソースコード自体をプログラムと呼ぶこともあります。

☑ コードの解説

それではこのコードがどういう意味なのか、上から順にみていきましょう。

```c
#include <stdio.h>
```

いきなり、見知らぬ英単語が出てきました。意味としては、「stdio.hという名前のファイルを取り込め」ということなのですが、これはこのソースコードの4行目に出てくる「printf・・・」というものを使うために、先頭に書いておかなければいけないものなのです。今のところは、「printfを使うために書いておかなくてはいけないもの」と覚えておいてください。詳しくはCHAPTER 9で解説します。

```
int main()
```

次に2行目ですが、この行とそのあとの{}に囲まれた部分のことをmain関数といいます。関数というと数学の授業で聞いた覚えがあって難しそうだと感じる人もいるかもしれませんが、数学の関数とは少し意味が違います。関数について詳しくはCHAPTER 7で解説します。

C言語では関数を呼称するときに、関数名の後に()をつけて表すので、以降、関数名を表記するときは、「main()関数」のように書くことにします。

main()関数は、C言語のプログラムにおいて最も重要な部分になります。というのは、C言語のプログラムはこのmain()関数から実行されるからです。{ }の中身が上から順に実行され、すべての処理が終わるとプログラムも終わるようになっています。ですので、実行可能なプログラムには必ず1つだけmain()関数があるということになります。mainを他の名前に変更することはできません。

プログラムを書くときは、このmain()関数の中に処理したい内容を書いていくことになります。ではmain()関数の中身を詳しく見ていきましょう。

```
    printf("Hello World"); /* 文字列を画面に表示する部分 */
```

左端がインデント（字下げ）されているのに気が付いたでしょうか。関数の中身を書いていくときは、今書いている部分がどの階層で行われる処理なのかをわかりやすくするために、インデントを行います。

続けて書いてあるのはprintf()関数 です。ここが「Hello World」という文字列を表示している部分になります。さきほどのmain()関数は呼び出されたときの動作を定義しているものでしたが、printf()関数の動作はあらかじめ決められており、この行ではそれを呼び出しています。

printf()関数で表示する内容を、( )の中に書きます。ここでは"Hello World"と書いていますが、" "（ダブルクォーテーション）で囲むことで、その中身が文字列であることを表しています。( )の中のものは関数に渡すパラメータであり、引数といいます。

「)」のあとの ; （セミコロン）は1つの命令の終わりを示すものです。この命令のことを文といいます。C言語では、文の終わりには必ず;を付けます。

/*と*/で囲まれた部分はコメントになります。コメントはプログラムの処理には影響しないので、プログラマがコードの意味などを書いたりするときに使います。

結局、4行目のこの行だけがプログラムの機能の実質的な部分ということができます。

```
    return 0;
```

　このmain()関数の中身の最後の行は、main()関数を0という数値とともに終了することを表しています。この数値はプログラムがどのように終わったのかをOSに伝えるために使われます。慣習的に正常終了のときは0を指定することになっているので、とりあえずはmain()関数の最後には「return 0;」と書くものと認識してもらって差し支えありません。以上でプログラムは終わりになります。

インデント

　インデントは、`Tab`を押してタブを挿入するか、`Space`で空白をいくつか挿入します。空白の数は4個が多いようですが、8個、3個、2個であることもあります。`Tab`を入力すると自動的に決まった数の空白が挿入されるテキストエディタもあります。

☑ ｜ プログラムの保存

　最後にこのプログラムを保存しましょう。C言語のプログラムは、「.c」という拡張子にするルールなので、「HelloWorld.c」という名前で保存することにします。今回はわかりやすくするためにデスクトップに保存しましょう。このようにしてできたファイルのことをソースファイルといいます。

　ここで1つ注意があります。それは、保存するときの文字コードをUTF-8にするということです。かつてWindowsのテキストエディタでは、Shift-JISという文字コードで保存されるのが一般的でした。そのようなテキストエディタの場合、たいてい保存するファイル名を指定するときに文字コードも指定できるようになっていますから、文字コードとしてUTF-8を指定するようにしてください。

コンパイルと実行

それでは、このプログラムを実際に動かしていきましょう。しかしCHAPTER 1で説明したように、C言語ではソースコードをそのまま実行することはできません。ソースコードをコンパイルして、コンピュータがわかる機械語に変換する必要があります。この節では、さきほどのHello Worldプログラムをコンパイルし、実行する方法を見ていきましょう。

✔ コンパイル前の準備

まずはCHAPTER 1（画面1-7）で紹介したようにスタートメニューから実行環境であるMSYS 2を起動してください。この中でコンパイルと実行を行うことができます。

コンパイルの前にカレントディレクトリを変更しておきましょう。カレントディレクトリを、さきほどのソースファイルを保存した場所にしておけば、あとで都度ディレクトリを指定しなくても済むようになります。

Windowsのデスクトップの実際の格納場所は特殊で、たとえば「C:¥Users¥ユーザー名¥Desktop」のような場所になります（「ユーザー名」のところは自分のアカウント名）。このようなディレクトリやファイルの場所を表す文字列をパスといいます。ただし、デスクトップの場所は、ユーザーの環境によって異なります。デスクトップの場所を調べるには、前ページで保存したソースファイルを右クリックして、プロパティを選び、プロパティウィンドウを表示させます。プロパティウィンドウの「場所」の項目にデスクトップの場所が記載されています。

もしデスクトップのパスが「C:¥Users¥ユーザー名¥Desktop」である場合は、次のように入力して Enter を押すと、カレントディレクトリを移動できます。

```
$ cd /c/Users/ユーザー名/desktop
```

cdの後に指定しているのは、先頭に/をつけ、:を削除し、¥を/に置き換えた文字列になります。パスの文字列に半角スペースが含まれる場合は、全体を""で囲む必要があります。

cdは「Change Directory」の略で、カレントディレクトリを変更するコマンドです。念のため正しい位置に移ることができたかどうか、確認しておきましょう。カレントディレクトリにどのようなファイルがあるかは、lsコマンドで確かめられます。lsコマンドの実行結果は次のようになります（環境によって表示される内容は異なります）。

```
$ ls
desktop.ini HelloWorld.c memo.txt
$
```

上記のようにHelloWorld.cがあれば、次のステップに進みます。

✓ コンパイル

これから、さきほどのプログラムをコンパイルしていきます。実行環境に次のように入力して Enter を押してください。

```
gcc -o HelloWorld HelloWorld.c
```

このようなコマンドを入力した行のことをコマンドライン といいます。それではこのコマンドラインの意味を説明しましょう。

「gcc」はCHAPTER 1でインストールしたC/C++言語のコンパイラです。gccのあとにさきほど作成したソースファイル名「HelloWorld.c」を指定することで、コンパイルが実行されます。「-o HelloWorld」という文字列があいだに挟まっていますが、これはコンパイルしてできる実行ファイルの名前を指定しています。

特に問題がなければ、コンパイルはすぐに終わります。lsコマンドで何が起きたのか見てみましょう。次のようになっているはずです。

```
$ ls
desktop.ini HelloWorld.c HelloWorld.exe memo.txt
$
```

もし、「-o HelloWorld」を付けなかったとしたら、a.exeという名前のファイルが生成されます。これでは味気ないので、基本的には実行ファイルの名前を指定しておいたほうがよいでしょう。

UNIX環境の場合の実行ファイル名

Windows環境では実行ファイルには自動的に「.exe」という拡張子が付きますが、Linux等のUNIX系環境ではそのような規則はありません。そのため、実行ファイル名を指定した場合はHelloWorld、指定しない場合は、a.outという名前の実行ファイルが作られます。

✓ エラーが起きたら

　ソースコードを入力してコンパイルしたら、次のような結果になったとします。この場合、どうしたらよいのでしょう。

```
$ gcc -o HelloWorld HelloWorld.c
HelloWorld.c: In function 'main':
HelloWorld.c:4:9: warning: implicit declaration of function 'print'; did
you mean 'printf'? [-Wimplicit-function-declaration]
    4 |         print("Hello World"); /* 文字列を画面に表示する部分 */
      |         ^~~~~
      |         printf
/usr/lib/gcc/x86_64-pc-msys/11.2.0/../../../../x86_64-pc-msys/bin/ld: /
tmp/ccUGGhbO.o:HelloWorld.c:(.text+0x18): undefined reference to `print'
collect2: error: ld returned 1 exit status
```

　コンパイル時にこのような表示が出てくるときは、ソースコードのどこかに間違いがあってエラーになっています。表示された内容にヒントがありますので、よく見てみましょう。

　前半部分に注目すると、どうやらmain()関数内のprintで始まる行にエラーがあると言っているようです。「もしかしたらprintではなくprintfですか」という意味の英語のアドバイスまであります。そこで、自分の書いたソースコードを見返してみたところ、「printf」と書くべきところを「print」と書いていました。printfに直して再度コンパイルしてみたところ、うまくいきました。

エラーの種類とバグ

コンパイル時のエラーの中でも、うえに示したものは文法（シンタックス）エラーといいます。コンパイルエラーに対し、プログラムの実行中に起きるエラーのことを実行時（ランタイム）エラーといいます。コンパイルエラーはエラーの中でも単純なほうで、多くの場合、実行時エラーへの対応に苦労することになります。
また、プログラムのエラーや間違った挙動を引き起こす、ソースコードの間違いのことをバグといいます。バグとは虫という意味です。

生成された実行ファイルを実行するには、次のように入力して Enter を押します。

```
./HelloWorld
```

※.exe は省略して構いません。

結果は次のようになります。画面に「Hello World」という文字が表示されました。

```
$ ./HelloWorld
Hello World
```

以上がC言語プログラムをコンパイルして実行する一連の流れになります。

もしかして実行してみたら、エラーが出たり、思った結果ではなかったりするかもしれません。その場合は、ソースコードや文字コード、ファイル名などをもう一度確認してみてください。

./の意味

gccのようなインストールしたプログラムとは違い、自分で作ったプログラムを実行するときは、どこにあるプログラムなのかを明示する必要があります。「.」はカレントディレクトリを表しており、/はディレクトリの区切り記号ですので、「./HelloWord」はカレントディレクトリのHelloWordを実行するという意味になります。

なお、「..」はカレントディレクトリの1つ上のディレクトリを表します。「cd ..」と入力すれば、カレントディレクトリを1つ上の階層に移動することが可能です。

CHAPTER 2

03

いろいろな書式で表してみる

HelloWorld.cに出てきたprintf()関数ですが、単純に文字列を表示する以外にも、整数や実数といったデータを、書式を指定して表示することができます（printfの末尾のfは書式（Format）の意味です）。この節では、その方法を見ていきましょう。

☑ 値の表示

　文字列は文字の集まりで、これも値の一種ですが、C言語で扱うデータの種類には、数値（整数、実数）、文字、文字列などの種類があります（詳しくは次章で解説します）。このような、プログラムのコード上で、数値や文字列を直接記述したものをリテラルといいます。値の基本的な表示方法について、例を挙げながら解説していきます。

☑ 数値の表示

　C言語では数値は大きく整数と実数に分かれます。まず整数を表示する場合は次のようにします。

```
printf("%d 分", 5);
```

　ダブルクォーテーションで囲まれない数は数値を表します。最初の引数に「%d」という見慣れない記号がありますが、これは「次の引数を整数とみなして当てはめる」という書式指定になります。この文を実行すると、「5分」と表示されます。
　次のように複数の値を「,」（カンマ）で区切って指定することもできます。数値が%dに順番に割り当てられ、「5＋3＝8」と表示されます。

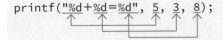

```
printf("%d+%d=%d", 5, 3, 8);
```

実数（小数点の付いた値）を表示する場合は、「%f」を使います。

```
printf("%f", 3.141592);
```

16進数

人間の扱う数字は0〜9が1桁で、10になると桁が繰り上がって2桁になります。これを10進表記といいます。一方、コンピュータの世界では、0〜15の数を0〜9とa〜fの文字（10〜15に対応）で表し、16で桁が繰り上がる16進表記が用いられることがあります。16進表記で数値を表示するには、「%x」を使います。

```
printf("%x", 10);
```

上記の表示結果は「a」となります。応用として、「%X」と書式を指定すると、結果は「A」と大文字になります。なお、16進の数を直接表現するには、0xを付けます。下のコードは16進数の「A」を10進表記で表すので、「10」と表示されます。

```
printf("%d", 0xA);
```

✅ 文字と文字列の表示

C言語では、1文字と、文字の集まりである文字列は、明確に区別されます。文字列はダブルクォーテーションで囲みますが、文字はシングルクォーテーションで囲んで記述します。つまり、'A'と"A"は同じように見えても別のものということになります。

文字を表示するには「%c」という書式指定を使います。

```
printf("%c", 'A');
```

一方、文字列を表示するには「%s」という書式指定を使います。次の例の表示結果は「Hello World」となります。

```
printf("%s %s", "Hello", "World");
```

☑ 書式指定時の注意

printf()関数で書式指定をしてデータを表示する場合は、指定した書式とデータの種類があっていなければいけないことに注意してください。例えば、整数を表示する%dを使っているのにデータ側に文字列を書いてしまうと正しく表示されません。書式とデータの種類が一致しているかをしっかりと確認しましょう。

書式指定文字の意味

書式指定文字は次の英単語に由来しています。

%d：decimal（10進法）
%f：floating point（浮動小数点）
%x：hexadecimal（16進数）
%c：character（文字）
%s：string（文字列）

☑ | 桁数の指定

printf()関数の書式指定で%dを指定すると整数を表示できましたが、次のように記述することで、桁数を指定することもできます。

```
printf("%4d",15);
/* 空白を含めて 4 桁で表示 */
printf("%04d",15);
/* 0 を使って 4 桁で表示 */
```

これらはどちらも4桁を指定していますが、その表示方法が異なります。「%4d」と書いた場合、空白を含めて4桁という指定になります。この場合、15は2桁なので、15の前の2桁は空白になり、「 15」と表示されます。一方「%04d」と書いた場合、0を使って空白部分を埋めるという指定になるので、「0015」といった表示になります。負の数を表示するときは、マイナス記号も含めての桁数となります。

実数を表示する%fでは、小数点前後の桁数を指定できます。

```
printf("%6.1f", 155.32);
/* 全体を6桁、小数点以下を1桁で表示 */
```

このように書いた場合、全体で6桁、小数点以下は1桁という指定になります。小数点「.」も1桁に数えられるので、表示結果は「 155.3」となり、小数点以下2桁目以降は表示されません（切り捨て扱い）。

文字列についても、次のように数字の桁数と同様に文字数を指定できます（ただし、日本語についてはうまく機能しない場合があります）。

```
printf("%6s", "Hello");
/* 全体を 6 文字で表示 */
```

このように書くと、「Hello」は5文字なので、先頭に1つスペースが入って「 Hello」と表示されます。

printf()関数の書式指定では、画面にそのまま表示されない特殊な動作を指定することができます。代表的なものに改行文字があります。じつは、printf()関数で表示した文字列は自動的に改行しているわけではありません。次の例を見てみましょう。

```
printf("Hello");
printf("World");
```

これを実行すると、2行に渡って表示されるのではなく、1行で「HelloWorld」と表示されます。わかりづらいですが、「World」のうしろにも改行は入りません。これを2行に渡って表示するには、改行を表す「¥n」を使います。

```
printf("Hello¥n");
printf("World¥n");
```

実行結果は次のようになります。「World」のうしろにも改行が表示されます。

```
$ ./HelloWorld
Hello
World
```

次のようにまとめて書いても同じ結果が得られます。

```
printf("Hello¥nWorld¥n");
```

　「¥」と特定の1文字を組み合わせた表現をエスケープシーケンスといい、改行のように特殊な動作を表します。エスケープシーケンスは「『¥』＋1文字」で1文字ぶんとみなされます。主なエスケープシーケンスには以下のようなものがあります。

表2-1 エスケープシーケンス

	名称	意味
¥0	ヌル文字	画面には表示されません。文字列の終端を表す内部表現として使われます。
¥b	バックスペース	[Back space]と同じ動作をします。
¥t	タブ	[Tab]と同じ動作をします。
¥n	改行(LF)	改行を表します。
¥r	復帰(CR)	テキストファイル中で改行を表すのに使われることがあります。
¥¥	¥	「¥」自体を表す場合は、「¥」を2つつなげて書きます。
¥"	"	文字列の中で「"」を表します。

バックスラッシュ

　「¥」は英語圏のもともとの環境では「\」（バックスラッシュ）と表示されます。つまり、日本語の「¥」と英語の「\」は内部コードが同じであり、見た目は異なりますが、同じ文字を表しているということです。かつて日本語のフォントをJISで定義する際に、「\」が「¥」に置き換えられてしまったので、このようなおかしなことになっています。また、日本語キーボードでも「¥」と表記されています。

改行と復帰

　改行（LF：Line Feed）と復帰（CR：Carriage Return）は元々タイプライターで使われていた用語です。LFは用紙を1行ぶん送るという意味であり、CRはタイプライターのヘッドを左端に戻すという意味になります。
　ディスプレイ上で改行する場合は「¥n」を使いますが、テキストファイルの改行の表し方は、OSごとに異なっており、Unix系ではLF、MacOS系ではCR、Windows系ではCR+LFの組み合わせとなっています。

それでは、今まで紹介した書式を組み合わせた例を見てみましょう。

リスト 02-02.c

```c
#include <stdio.h>

int main(){
    printf("種類:%8s %8s¥n", "Apple", "Orange");
    printf("数量:%08d %08d¥n", 25, 120);
    printf("重量:%8.4f %8.4f¥n", 95.2, 350.41);
    printf("%d¥bA¥n", 20);
    printf("%d¥t%d¥n", 10, 20);
    return 0;
}
```

これを実行すると次のような結果になります。桁数や文字数を指定すれば、整数や実数、文字列を並べる際に、表示位置をそろえることができます。

```
種類:   Apple    Orange  ┐
数量:00000025 00000120   ├> 桁数指定によって表示位置がそろう
重量: 95.2000 350.4100  ┘
2A          ←──────── ¥bにより0が消えて2Aと表示される
10      20  ←──────── ¥tにより10と20のあいだにtabが入る
```

CHAPTER 2 ›› ま と め

✅ C言語のプログラムはmain()関数から実行されます

✅ コンソールに文字列を表示するには、printf()関数を使います

✅ C言語のプログラムを実行するにはコンパイルする必要があります

✅ printf()関数を使うと、いろいろな形式で値を表示することができます。桁数を指定することもできます。また、改行を表す「¥n」など、特殊な文字を使うこともできます

練習問題

Ⓐ printf()関数を使うためにコードの先頭に書かなければいけないものは次のうちどれでしょうか。

```
①    include <stdio.h>
②    include <printf.h>
③    #include <stdio.h>
④    #include <printf.h>
```

Ⓑ 「1.414」と表示するには、空欄にどのような書式指定を書くべきですか。

```
printf("  1  ", 1.41421356);
```

Ⓒ 「mytest.c」という名前のプログラムをコンパイルして「test1.exe」という実行ファイルを作るコマンドラインを答えてください。また、こうしてできた実行ファイルを実行するコマンドラインを答えてください。

C言語の
基礎を
身に付ける

このパートから本格的にC言語プログラミングについて学んでいきます。変数とその型/配列/ポインタ/構造体/入出力といったデータの扱いに関すること、分岐/繰り返しなどプログラムの流れに関すること、関数/ファイル構成などプログラムの構造に関わることが次々に登場します。手ごわいトピックスが続くと思いますが、しっかり理解して、実際に試してみて、プログラムが思い通りに動くことの楽しみを感じてもらいたいと思います。

CHAPTER

3» 変数と配列を使う

この章からは、変数を使ってプログラムを組んでいきます。
変数というと数学の授業で習ったことがあるかもしれませんが、
簡単に言うと数を表す記号のことです。
C言語でいうところの変数はすこし意味が違っていて、
数値以外のものも扱うことができます。
また、この章では変数の集まりである配列についても学んでいきます。
変数や配列を使わないプログラムはない、と言っていいほど
これらは頻繁に使われる基本的なものですから、
しっかりと理解しておきましょう。

これから学ぶこと

✔ 変数がどういったものかを知ります

✔ 変数の型の種類とその特性を知ります

✔ 配列とは何かを理解します

✔ 変数や配列を実際に扱ってプログラムを組んでみます

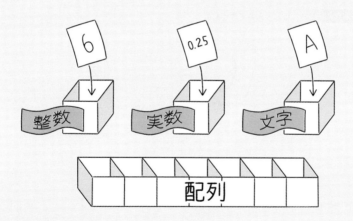

イラスト 3-1 変数や配列にはさまざまな種類があります

C言語における変数は箱の模式図でよく表されます。変数には型があり、入れられる値の種類が型ごとに決まっています。配列は複数の変数をひとまとめにしたイメージです。

変数

変数はプログラミングの基本であり、とても役に立つものです。値を直接扱う代わりに、変数を利用することで意味がはっきりしますし、複数の箇所で同じ意味で使っている値の変更が容易になるというメリットがあります。また、変数にはユーザーの入力などの結果を受け取る使い方もあります。これから学習する繰り返しなどでも頻繁に使います。

☑ 変数とは

変数は数値や文字を入れることのできる箱のようなものです。

イラスト 3-2 変数には値を入れておけます

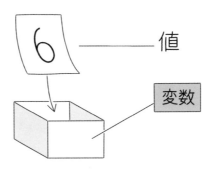

それでは、変数の基本的な使い方について見ていきましょう。

☑ 変数の宣言

C言語で変数を使うためには、まず「これから変数を使います」という「宣言」をしなければいけません。変数を宣言するには、次のように書きます。

　これは、整数（integer）の値が入るaという名前の変数をこれから使います」ということを宣言しています。変数を宣言するときは、上のように、変数に入るデータの型と変数の名前を並べて書きます。文末の;（セミコロン）も忘れないようにしましょう。

　変数を宣言せずに使おうとすると、コンパイル時にエラーになってしまいます。変数名の書き間違いや宣言のし忘れにも注意してください。

☑ 変数の代入

　宣言することで変数aを使う準備ができました。次に、変数aという箱の中に値を入れてみます。値を入れることを「代入」といいます。変数に値を代入するには次のように書きます。

```
a = 3;
```

　これで、さきほど宣言したaという変数に3という数値を代入することができました。

　ここで注意しておきたいのは、C言語において「=」は「左辺の変数（a）に右辺の値（3）を代入する」という意味であって、「左辺の値（a）と右辺の値（3）が等しい」という意味ではないことです。「=」のことを代入演算子といいます。なお、左辺と右辺が等しいということを表したい場合は「a == 3」という風に=を2つつなげて書きます。

式と演算子

　演算子というのは、ここで登場した「=」や「+」、「-」のように、変数や値をつないで計算などを表す記号のことです。プログラミング言語では、変数や値を演算子で組み合わせたものを「式」といいます。ですので「a = 3」は代入式ということもできます。また、セミコロンを付けた「a = 3;」という文は代入文といいます。

☑ 代入の例

実際にプログラムを通して見てみましょう。

リスト 03-01.c

```c
#include <stdio.h>

int main()
{
    int a;
    int b;
    a = 3;
```

```
    b = 4;
    a = b;
    printf("aの値は%d¥n",a);
}
```

このプログラムを実行すると、「aの値は4」と出力されます。どういうことか、詳しく順を追っ
て見ていきましょう。

```
    int a;
    int b;
    a = 3;
    b = 4;
```

まずこの部分で、変数a、bを宣言し、それぞれに3、4を代入しています。この時点でのaの値
は3です。

```
 a = b;
```

次に、「a = b;」という文が書かれています。これはさきほど述べたとおり、「左辺の値と右辺の
値が等しい」という意味ではなく「左辺の変数に右辺の値を代入する」という意味です。つまり、
左辺は変数を表しており、右辺はbの値である4を表すことになります。これにより、aの値は4に
上書きされます。

```
printf("aの値は%d¥n",a);
```

したがって、最後のprintf()関数によって表示されるaの値は4となります。

✔ | 宣言のいろいろ

今までは複数の変数を宣言するときはそれぞれ別の文で宣言していましたが、次のようにまとめ
て書くこともできます。

```
int a, b;  ←─────────── ( int型の変数aとbの宣言 )
```

また、変数の宣言と数値の代入を別の文で行っていましたが、次のようにまとめて書くことがで
きます。これを変数の初期化といいます。

```
int a = 2;  ←─────────── ( int型の変数aの宣言と数値の代入 )
```
```
int a = 2, b = 3;  ←─────────── ( int型の変数aとbの宣言とそれぞれへの数値の代入 )
```

　変数の宣言と初期化を同時に行うことで、値の代入忘れを防ぎ、コードを簡潔にすることができます。

　ただし、2つ以上の変数の宣言と初期化を同時に行う場合は、初期化のミスに注意してください。例えば、「aとbの両方を2に初期化する」つもりで、次のようなコードを書いたとしても、初期化されるのは変数bだけで、変数aは宣言しただけになります。

```
int a, b = 2;
```

　宣言したときの初期値は型の種類やコンパイラによって異なります。このケースではaの値は0になる処理系が多いと思います。コンパイラによってはコンパイル時に警告やエラーが出てしまうこともあります。

　想定外の動作を防ぐため、複数の変数を同時に宣言するときは、正しく変数が初期化されるかを確認しましょう。

宣言を書く位置

宣言は変数を使う場所よりも前の位置に書く必要があります。加えて基本的には、変数の代入などのプログラムの処理が始まる前に宣言を書いておく必要があります。つまり、「宣言は先頭のほうにまとめて書いておく」ということになります。ここで「基本的には」と書いたのは、C++言語では変数の使用より前にさえあれば、宣言をどこに書いても構わないからです。また、C++言語の特徴を取り入れたC言語のC99という規格でもこの制限は撤廃されています。gccなどC言語のプログラムをC++のコンパイラでコンパイルする場合は、もっと自由に宣言を書けるということになります。

数値型

変数にはどのような値を入れるのかを表す「型」というものがあります。前節で出てきたような、数値が入る変数の型を「数値型」といい、数値型にはさらに整数用の整数型と、実数用の実数型があります。型によって入れることのできる数値の範囲などが違うので、その違いを見ていきましょう。

✓ 整数型

整数型はintだけではありません。入れられる値の範囲によって次のようなものがあります。

表3-1 整数型の種類

型名	読み	値の入る範囲	ビット数
int	イント	システムにより異なる	
unsigned int	アンサインドイント	システムにより異なる	
long	ロング	-2147483648～2147483647	32
unsigned long	アンサインドロング	0～4294967295	32
short	ショート	-32768～32767	16
unsigned short	アンサインドショート	0～65535	16
char	チャー、キャラ	-128～127	8
unsigned char	アンサインドチャー、アンサインドキャラ	0～255	8

　こうしてみるとたくさんあるように感じるかもしれませんが、基本の型はint, long, short, charの4つで、それぞれにunsignedが付いているものもあるといったようになっています。「unsigned」とは「符号がない」という意味で、つまり「正の整数型」ということになります。同じ型名でも、unsignedが付くと負の数のぶんだけ、格納できる値の最大値が大きくなります。
　この中で特殊なのはintです。intの扱う値の範囲は、システムにとって扱いやすい（処理が速い）ものになります。例えば、今回用意したMSYS2の環境では、intはlongと同じ範囲（同様にunsigned intはunsigned longと同じ範囲）になっています。

✔ | 型のビット数

　整数型にもいろいろな種類があることがわかったと思いますが、なぜこんなに細かく型が分かれているのでしょうか。それには、2つの事情があります。

　1つはコンピュータのメモリーは無限にあるわけではないことです。C言語では型によって変数の消費するメモリー領域のサイズが決まっています。ビット数はその大きさを表しています。格納する値の範囲にあった型を選べば、メモリー消費量を減らすことができます。

　もう1つは、C言語がメモリー搭載量やCPUの処理能力が少ない時代に考え出された言語で、自動的に型を判別したり変換したりするよりも、コンパイルの速度や実行速度を優先したつくりになっていることです。最近はメモリーや処理速度に十分な余裕があるので、PythonやJavaScriptのようなスクリプト言語では速度よりもプログラマーの利便性を優先する設計になっています。とはいえ、機械への組み込みなどメモリーや処理速度が限られたケースもあるので、そのような場合にはC言語のような言語の利点が活きてきます。

✔ ビットと2進表記

　コンピュータは電気信号のオンとオフで情報を表現します。普通はオフのときを0、オンのときを1と表現します。この0と1を表現できる情報の単位1個ぶんをビットといい、コンピュータにおける情報の一番小さな単位になります。

　ビットを組み合わせることでより大きな数を表現することも可能です。例えば、1ビットで表現できるのは0と1の2とおりですが、2ビットあれば、00、01、10、11の4とおりの表現が可能です。ここで注意してほしいのは、10というのは十ではなく「1」と「0」の組み合わせを表していることです。このため、10は「ジュウ」ではなく「イチゼロ」と読んでください。ほかのものも同様です。このような表現方法を2進表記といいます。これに対し、私たちが普段使っている方法を10進表記といいます。2進表記と10進表記の対応は次のようになります。桁をそろえるために、2進表記で1桁になるものは0を付けて2ビットで表記しています。

10進表記	0	1	2	3
2進表記	00	01	10	11

　2進表記した数のことを2進数ともいいます。ここで混同しないでもらいたいのですが、「○進」というのは、数の表し方のことです。10進表記の「2」も2進表記の「10」も同じ数を表していますので間違えないようにしましょう。

✅ バイトと16進表記

　ビット数を増やせばより大きな値を表現することができますが、そのぶん2進表記したときの桁数は大きくなります。それでは扱いづらいので、普通は8ビット（8桁）ぶんをまとめて扱います。これを1バイトと呼びます。

　バイト表記をするときは16進表記にします。16進表記はCHAPTER2でも紹介したとおり、0～15の数を0～9とA～Fの文字を使って1桁で表す方法です（A～Fは小文字で表すこともあります）。対応は次のようになります。

10進表記	0	1	2	3	4	5	6	7
2進表記	0000	0001	0010	0011	0100	0101	0110	0111
16進表記	0	1	2	3	4	5	6	7

10進表記	8	9	10	11	12	13	14	15
2進表記	1000	1001	1010	1011	1100	1101	1110	1111
16進表記	8	9	A	B	C	D	E	F

n進数への変換

　10進表記の28を2進数、16進数に変換する方法について紹介しましょう。

10進数の28の2進表記を求めるには…

2で割った商を下に、余りを右に書いていく

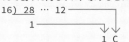

```
2) 28 … 0
2) 14 … 0
2)  7 … 1
2)  3 … 1
    1
        1 1 1 0 0
```

2進数の11100の10進表記を求めるには…

各桁に2のべき乗を掛けて足す

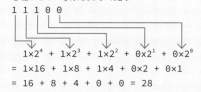

```
1 1 1 0 0
```

$1×2^4 + 1×2^3 + 1×2^2 + 0×2^1 + 0×2^0$
$= 1×16 + 1×8 + 1×4 + 0×2 + 0×1$
$= 16 + 8 + 4 + 0 + 0 = 28$

10進数の28の16進表記を求めるには…

16で割った商を下に、余りを右に書いていく

```
16) 28 … 12
     1
        1 C
```

16進数の1Cの10進表記を求めるには…

各桁に16のべき乗を掛けて足す

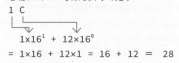

```
1 C
```

$1×16^1 + 12×16^0$
$= 1×16 + 12×1 = 16 + 12 = 28$

2進数の11100の16進表記を求めるには…

4桁ごとに区切って16進数に置き換える

```
11100 → 0001 1100
           1    C
```

16進数の1Cの2進表記を求めるには…

各桁を2進数に置き換える

```
    1    C
0001 1100 → 11100
```

☑ 実数型

実数型には次のようなものがあります。

表3-2 実数型の種類

	読み	値の入る大まかな範囲	ビット数
float	フロート	$-3.4 \times 10^{38} \sim 3.4 \times 10^{38}$	32
double	ダブル	$-1.7 \times 10^{308} \sim 1.7 \times 10^{308}$	64

実数型には上記の2つしかありません。また、整数型と違い、それぞれにunsignedを付けることはありません。

実数型でも整数を表現することはできますが、計算の際に誤差が出ることがあるので、整数の値を扱うときは整数型を使うようにしたほうがよいでしょう。

☑ 浮動小数点

C言語では小数を内部的にどのように格納しているのでしょうか。じつは小数は整数の組み合わせで格納されているのです。例えば、0.015は、15×10^{-3} と表すことができます。このときコンピュータの内部では「＋」(符号部)、「15」(仮数部)、「-3」(指数部)の3つの組み合わせで表現しています。指数部の値によって、小数点が左右に動くように見えることから、このような格納方法を浮動小数点方式といい、浮動小数点方式で表した数を浮動小数点数といいます。

浮動小数点数は指数部のビット数で最大と最小の値の範囲が決まり、仮数部のビット数でどれだけ細かく表現できるかが決まります。

floatの数の範囲は単精度浮動小数点数と呼ばれています。doubleはさらに精度が高く、倍精度浮動小数点数と呼ばれます。

型名の由来

intは整数 (integer) を縮めたものです。shortはshort integer (短い整数)、longはlong integer (長い整数) から来ています。

charはcharacter (文字) が由来で、数と関係ない印象を受けますが、これは英語のアルファベットなどの文字を番号付けするのに十分な数であるところから名づけられています。詳しくは文字型の項を参照してください。

floatは浮動小数点数 (floating point number) が由来です。doubleは倍精度浮動小数点数 (double precision floating point number) の「倍」の部分から来ています。

では、整数型、実数型の変数を使ったプログラムを書いてみましょう。

リスト 03-02.c

```c
#include <stdio.h>

int main(){
    unsigned char age = 25;
    double height = 166.7;
    float weight = 58.5;
    printf("年齢:%d¥n", age);
    printf("身長:%fcm¥n", height);
    printf("体重:%fkg¥n", weight);
    return 0;
}
```

　このプログラムは、unsigned char型、double型、float型の変数にそれぞれ値を代入し、それを表示するプログラムとなっています。
　このとき、変数の型と、代入した数値が一致しているかどうかをしっかりと確認しましょう。今回は、unsigned charは整数型、doubleとfloatは実数型なので、それぞれに合ったかたちの値を代入しています。
　このプログラムを実行すると次のような結果になります。

```
年齢:25
身長:166.700000cm
体重:58.500000kg
```

　小数点以下の表示桁数については、実行環境によって異なります。表示桁数の指定については CHAPTER 2-03の「桁数の指定」を参照してください。

☑ 間違った値を代入してしまったら?

　前の例では型にあった数値を代入しましたが、もし型に合わない数値を代入するとどうなるのでしょう。unsigned char型であるageを例に見てみます。
　まず、ageに小数点付きの値として25.7を代入してみましょう。このとき代入によって小数点以下は切り捨てられます。結果として25が表示されます。

```
unsigned char age = 25.7;        ───→  年齢:25
```

　次に、負の値である-25を代入すると次のようになります。結果の231というのは-25という数を構成するビットがそのまま符号のない変数のメモリー領域にコピーされてしまった結果となります。

```
unsigned char age = -25;        ⟶ 年齢:231
```

　最後にunsigned charの上限である255よりも大きい2500を代入するとどうなるでしょうか。コンパイルしてみると、以下のメッセージが表示されました。

```
var.c:4:22: 警告: unsigned conversion from 'int' to 'unsigned char' changes
value from '2500' to '196' [-Woverflow]
```

　これは「2500は上限を超えているので2500は196に切り詰めます」という警告です。196になる理由は-25のときと同じです。警告であってエラーではないので、実行ファイル自体は生成されますが、実行結果は次のようになります。

```
unsigned char age = 2500;        ⟶ 年齢:196
```

　値が変数の上限を超えることをオーバーフローといいます。今回はコンパイラが警告を出してくれましたが、計算結果を代入する場合はコンパイル時には何も表示されないこともあるので、格納できる値の範囲に注意してプログラミングをする必要があります。

配列

配列とは、同じ型のデータをまとめて扱えるようにしたものです。大量のデータを扱うときや、複数のデータを次々と自動的に呼び出したいときに便利です。この節では数値型の変数をまとめた配列について解説していきます。

✓ | 配列とは

配列は同じ型の変数を1つの変数としてまとめたものです。例えば、int型の変数を4つ集めた配列を作るには次のように宣言します。

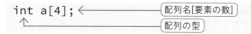

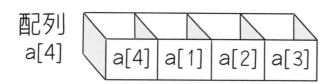

イラスト 3-3 int型の変数を4つ集めた配列のイメージ

配列の宣言は、変数の宣言と同じように、配列の型（int）、配列名（a）を書いたあと、[]の中に配列に入るデータの数（4）を書きます。配列に入るデータ1つ1つを要素 といい、配列の要素の数を配列の大きさといいます。この場合、配列の型がint、配列名がa、要素数（配列の大きさ）が4となります。

配列に含まれる要素は、要素が代入された順番に応じてa[0]、a[1]、a[2]…というように添字（0、1、2…といった数字）が振られ、それぞれを区別できるようになります。ただし、要素に振られる添字は0から始まるため、最後の要素の添字は、配列の要素数より1小さくなります。この配列

の場合、要素数は4なので、それぞれの要素はa[0]、a[1]、a[2]、a[3]となります。

☑ 配列の初期化

配列も変数と同様に初期化できます。配列を初期化するときは{ }を使って値を列挙します。これらのデータは{ }内に書いた順にa[0]～a[3]に割り当てられていくので、a[0]が1、a[1]が2、a[2]が3、a[3]が4というようになります。

```
int a[4] = {1, 2, 3, 4};
```

また[ ]内の要素数は次のように省略することもできます。このように書いた場合、[ ]内にデータがいくつあるかによって、要素数を自動的に決定します。

```
int a[] = {1, 2, 3, 4};
```

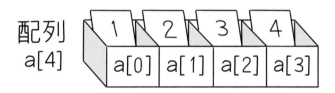

イラスト 3-4 初期化された配列のイメージ

☑ 配列要素の参照と代入

配列の要素1つ1つは、ここまで説明してきた普通の変数と同じように、それぞれ参照、代入することができます。次のように書くことでそれぞれの要素に1つずつ値を代入することができます。

```
int a[4];
a[0] = 1;
a[1] = 2;
a[2] = 3;
a[3] = 4;
```

また、要素を個別に参照するときも同様です。次の例では、3番目の要素であるa[2]の値を表示します。

```
printf("%d¥n", a[2]);
```

ここで注意しなくてはいけないのが、添字には「0〜(要素数−1)」以外の値を指定してはいけないことです。次の例は範囲外の添字を指定した間違いの例です。

```c
int a[] = {1, 2, 3, 4};
printf("%d¥n",a[4]);
```

例えばこのように書いてしまうと、配列aは要素a[3]までしかなく、a[4]は配列の範囲外（値なし）なので、予期しない値が表示されてしまうか、コンパイラによっては実行時エラーになってしまいます。逆に、代入の際に誤った添字を指定してしまうと、関係のないデータを壊してしまうこともあります。C言語はその点自己責任で管理しなければなりません。配列の「n番目の要素」の添字は「n-1」になることをしっかり覚えておきましょう。

☑ 配列の要素数を求める

ある配列の型はわかっているとき、その要素数を求めたい場合があるとします。C言語ではそれを直接調べる関数や機能は用意されていないのですが、すこし工夫することで簡単に求めるられるようになります。

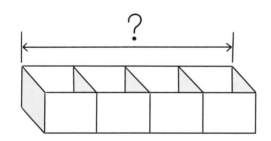

イラスト 3-5 型はわかっているが、要素数がわからない配列

そこで登場するのがsizeofという演算子です。sizeofを使うと変数や型のメモリー上のサイズ（バイト数）を調べることができます。例えば次のように使います。

```c
unsigned char a1; /* char型は1バイトなので、b1の値は1になります */
b1 = sizeof(a1);

b2 = sizeof(short); /* short型は2バイトなので、b2の値は2になります */

long a3[3];       /* long型は4バイト、要素数が3なのでb3の値は4×3=12になります */
b3 = sizeof(a3);
```

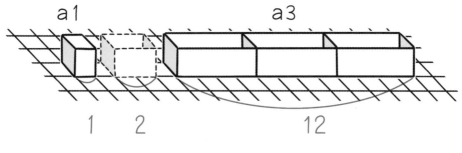

イラスト 3-6 sizeof演算子で得られる値

```
long a3[3];
c3 = sizeof(a) / sizeof(long); /* c3の値は3になります */
```

☑ 多次元配列

　配列は横方向に変数の箱を並べたようなイメージでしたが、これを縦方向にも並べた配列を考えることができます。このような配列のことを2次元配列といいます。イラスト3-7は2×4の2次元配列のイメージです。

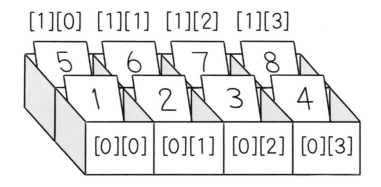

イラスト 3-7 2次元配列のイメージ

　この2次元配列の宣言は次のようになります。

```
int a[2][4];
```

初期化するときは、{ }を 2 重にして次のように書きます。

```
int a[2][4] = {
    {1, 2, 3, 4},
    {5, 6, 7, 8}
};
```

　参照や代入の要領は今まで見てきた配列（1次元配列）と同じです。たとえば、7 が入っている
要素は、a[1][2]で参照できます。ここで注意してもらいたいのですが、どの要素がどの位置に格
納されているかはしっかり把握しておきましょう。たとえば、間違えて a[2][1]と書いてしまうと、
配列の範囲外を参照することになって、先ほど説明したように予期せぬ動作になってしまいます。
　なお、同様の考え方で、3次元配列、4次元配列などを考えることができます。これらを総称し
て多次元配列といいます。

文字型

CHAPTER 3

04

ここまで数値型の変数を取り扱ってきましたが、変数には数値だけでなく、'A'や'1'といった「文字」を代入することもできます。この、文字を入れることのできる変数を「文字型の変数」といいます。この節では文字型変数の使い方について見ていきます。

✓ | ASCIIコード

コンピュータでは文字そのもののかたちを直接扱っているわけではありません。ではどうしているかというと、英数字などの1文字1文字を0～127の番号（コード）に対応させて管理しています。例えば、大文字の「A」は「65」、「a」は「97」に対応しています。この対応を示した国際基準の表のことをASCIIコード表といいます。

表3-3 ASCIIコード表（コードは左が10進表記、右が16進表記）

コード		文字	コード		文字	コード		文字	コード		文字
32	0x20	SP	53	0x35	5	73	0x49	I	96	0x60	`
33	0x21	!	54	0x36	6	74	0x4A	J	97	0x61	a
34	0x22	"	55	0x37	7	75	0x4B	K	98	0x62	b
35	0x23	#	56	0x38	8	76	0x4C	L	99	0x63	c
36	0x24	$	57	0x39	9	77	0x4D	M	100	0x64	d
37	0x25	%	58	0x3A	:	78	0x4E	N	101	0x65	e
38	0x26	&	59	0x3B	;	79	0x4F	O	102	0x66	f
39	0x27	'	60	0x3C	<	80	0x50	P	103	0x67	g
40	0x28	(	61	0x3D	=	81	0x51	Q	104	0x68	h
41	0x29	)	62	0x3E	>	82	0x52	R	105	0x69	i
42	0x2A	*	63	0x3F	?	83	0x53	S	106	0x6A	j
43	0x2B	+	64	0x40	@	84	0x54	T	107	0x6B	k
44	0x2C	,	65	0x41	A	85	0x55	U	108	0x6C	l
45	0x2D	-	66	0x42	B	86	0x56	V	109	0x6D	m
46	0x2E	.	67	0x43	C	87	0x57	W	110	0x6E	n
47	0x2F	/	68	0x44	D	88	0x58	X	111	0x6F	o
48	0x30	0	69	0x45	E	89	0x59	Y	112	0x70	p
49	0x31	1	70	0x46	F	90	0x5A	Z	113	0x71	q
50	0x32	2	71	0x47	G	91	0x5B	[	114	0x72	r
51	0x33	3	72	0x48	H	92	0x5C	¥	115	0x73	s
52	0x34	4	73	0x49	I	93	0x5D	]	116	0x74	t

コード		文字		コード		文字		コード		文字		コード		文字
117	0x75	u		120	0x78	x		123	0x7B	{		126	0x7E	~
118	0x76	v		121	0x79	y		124	0x7C	|		127	0x7F	DEL
119	0x77	w		122	0x7A	z		125	0x7D	}				

※ SPは半角スペース、DELはDelete（キーボードの Del キーを押したときの動作）を表す。

✓ エスケープシーケンスとASCIIコード

ASCIIコードの0〜31のあいだにも定義がありますが、いずれも画面に文字として表示されるものではなく、制御に使われる特殊な意味をもっています。前章で特殊な動作を表す文字としてエスケープシーケンスを取り上げましたが、これらの文字もASCIIコードとそれぞれ以下のように対応しています。

表3-4 おもなエスケープシーケンス

コード			エスケープシーケンス
0	0x00	¥0	ヌル文字
8	0x08	¥b	バックスペース
9	0x09	¥t	タブ
10	0x0A	¥n	改行（LF）
13	0x0D	¥r	復帰（CR）

✓ 文字型

C言語で「文字」とは半角文字1文字のことであることは前章で学習しました。この「文字」を格納する変数の型が、文字型のcharです。しかし、CHAPTER3-02で数値型の変数を挙げたときには、charは-128〜127の整数が入る型だと紹介しました。数値と文字ではまったく違うのでは？と思われたかもしれません。

じつはchar型にはASCIIコードを格納するのです。char型の変数に入るのはあくまで数値ですが、それを文字として扱ったり、表示したりすることも可能ということです。C言語においては、文字と数値は同等なものなのです。

イラスト 3-8 整数65と文字Aが同等？

では実際に文字型の変数を使ったプログラムを書いてみましょう。

リスト03-03.c

```c
#include <stdio.h>

int main(){
    char a = 'A';
    char b = 65;
    printf("Aは文字だと%c¥n", a);      /* 文字として表示 */
    printf("Aは文字コードだと%d¥n", a);       /* 文字コードとして表示 */
    printf("65は文字だと%c¥n", b);   /* 文字として表示 */
    return 0;
}
```

　このプログラムを実行すると以下のような結果になります。

```
Aは文字だとA
Aは文字コードだと65
65は文字だとA
```

　このプログラムは、まず、'A'を2とおりの方法で表示しています。1つは文字として表す方法で、もう1つは文字コード（数字）として表す方法です。さらに65を文字として表示しています。これらの結果からもC言語において、'A'と65は同じものであることがわかります。
　文字型変数に代入できるのは半角文字1文字だけなので、ひらがなや漢字といった全角文字を代入することはできません。また、複数の文字から成る「文字列」も文字型変数に代入することはできません。

文字列

この節では文字列とは何なのか、その基本的な仕組みから解説していきます。そして文字列を変数に代入するにはどうすればいいのかを紹介します。

☑ 文字列の構造

　文字列とは文字の集まりのことですが、C言語においては、文字列とはその名前のとおり、文字の配列のことを指します。ですので、数値の配列と同じように、文字列を構成する文字1つ1つが配列の要素となって集まることで、文字列になっています。そして、文字列の最後には必ず終端を表す記号としてヌル文字（¥0）が入ります。

　例えば"Hello"という文字列であれば、各要素はそれぞれ'H' 'e' 'l' 'l' 'o' '¥0'となります。なので、文字列の要素数は文字数より1多くなります。

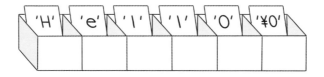

イラスト 3-9 文字列の構造

　C言語には文字列型というものはなく、文字型の配列を文字列の格納に使います。文字列の宣言は次のようになります。

```
char s[20];
```

　配列の大きさには、文字列の文字数に1を加えた数以上を指定します。あまりに大きくするとそのぶんメモリーを消費してしまいますが、足りないと長い文字列を入れたときにメモリー領域を壊してしまうので、必要十分な数を指定します。

　配列の初期化と同様に、文字配列の場合は＝でつなげて文字列を初期化できます。配列のときは{ }の中に要素をカンマで区切って記述しましたが、文字配列の場合は文字列をそのまま指定できます。[ ]内を省略した場合は、文字数+1文字ぶんのメモリーが自動的に用意されます。

```
char s[] = "Hello";  /* 自動的に5+1=6文字ぶんのメモリーが用意されます */
```

文字列の英語

文字列は英語ではString（ストリング）といいます。文字列を表す変数としてよく「s」が使われるほか、このあと登場する文字列関連の関数も「str」から始まっていることが多いです。
ストリングとは弦のことで、長さが伸び縮みする様子から来ています。

✔ 文字列を変数に代入する

　文字配列で値を設定するとき、=が使えるのは宣言と同時に初期化するときだけです。それ以外の場面で値を設定する場合は、strcpy()関数を使います。
strcpy()関数は次のように使います。

```
char s[10];                    代入したい文字列
strcpy(s, "Hello");
                設定する変数
```

　strcpy()関数の引数は、代入先の文字配列名と、代入したい文字列を順に指定します。"Hello"の文字数は5なので、必要な配列の大きさは6ですが、ここではすこし大きめに10としました。
　なお、この関数を使うときは、プログラムの最初に「#include <string.h>」と記述しておかなければなりません。
　これらを踏まえて文字列と変数を使ったプログラムを書いてみましょう。次のプログラムでは、文字配列sを"Hello"という文字列で初期化したあと、strcpy()関数で"Good bye"を代入しています。

リスト 03-04.c

```
#include <stdio.h>
#include <string.h>            /* strcpy()関数を使うために必要 */

int main(){
    char s[10] = "Hello";      あとで"Good bye"を代入するために10文字
```

```
    printf("%s¥n", s);
    strcpy(s, "Good bye");
    printf("%s¥n", s);
    return 0;
}
```

実行すると次のような結果になります。

```
Hello
Good bye
```

文字列から1文字を取り出す

　文字列の変数は配列ですから、配列としてアクセスすることで1文字を取り出すことができます。取り出した値は文字型となります。次の例は2文字目の「e」を表示します。添字は0から始まることに注意してください。

```
char s[] = "Hello";
printf("%c¥n", s[1]); /* 2文字目を表示 */
```

　逆に文字列変数の特定の文字を置き換えることも可能です。次の例では4文字目を「p」、5文字目を文字列の終端を表す「¥0」で置き換えています。結果としてsの値は「Help」となります。

```
char s[] = "Hello";
s[3] = 'p';
s[4] = '¥0';
printf("%s¥n"); /* Helpと表示 */
```

文字の長さを求める

　文字は文字配列のことなので、文字列の長さ（文字数）は先頭から'¥0'の1つ手前までの要素の数ということになります（配列の大きさとは異なることに注意してください）。文字列の長さを求めるには、strlen()という関数を使います。なお、この関数を使うときは、strcpy()関数同様、プログラムの最初に「#include <string.h>」と記述しておかなければなりません。例は次のようになります。

リスト03-05.c

```c
#include <stdio.h>
#include <string.h>

int main(){
    char s[] = "Hello";
    int len;
    len = strlen(s);
    printf("%d\n", len);
    return 0;
}
```

実行結果は次のようになります。

5

日本語の処理

文字列として日本語を指定することもできますが、C言語は言語レベルでは日本語には対応していないので、strlen()などの関数は日本語の文字列に対しては意図通りには動作しません。例えば、msys2上のgccでコンパイルした場合、strlen("あいう")の値は9になります。これは、この環境での日本語の内部表現がUTF-8であり、ひらがな1文字は3バイトで表されるためです（3バイト×3文字=9）。日本語の1文字が何バイトになるかは、システムによって異なります。日本語のような1文字が2バイト以上を占める文字のことをマルチバイト文字といいます。

それでは日本語の処理ができないのかというと、そのようなことはありません。一例として、文字列の各文字をすべて2バイトで表すワイド文字で、文字列と関数を統一するという手があります。詳細は割愛しますが、さきほどの文字の長さを求めるプログラムを日本語でも正しく動くようにするには、次のようにします。

リスト 03-a.c

```c
#include <stdio.h>
#include <wchar.h> /* wcslen()を使うために必要 */

int main(){
    wchar_t ws[] = L"あいう"; /* 先頭にLを付けるとワイド文字を表す */
    int len;
    len = wcslen(ws); /* strlen()ではなくワイド文字用のwcslen()を使う */
    printf("%d\n", len);
    return 0;
}
```

CHAPTER 3

06

定数

定数とは値の変わらない変数です。値が変わらないことがわかっている場合は
定数にしておくと間違って代入してしまうのを避けることができます。

✔ 定数の宣言と利用

　定数の宣言は、型名の前にconstを付けるだけです。ただし宣言するときは必ず初期化とセット
にしてください。あとから値を入れると代入とみなされてコンパイルエラーになります。
　定数を使った例は次のようになります。定数の参照方法は変数とまったく同じです。

```
const double pie = 3.1415926;
double c;
c = 20 * pie;
```

CHAPTER 3　» まとめ

✓ 整数型には、int、long、short、charがあり、それぞれにunsignedが付いた符号なしの型があります

✓ 実数型には、floatとdoubleがあります

✓ 配列は同じ型の変数を1つの変数としてまとめたものです

✓ 文字はchar型の変数に格納できます。C言語では文字と文字コードは同等に扱われます

✓ 文字列は文字の配列として表現します。文字配列に値を代入するときはstrcpy()関数を使います

✓ constを付けた変数は定数となり、値の変更ができなくなります

A 次の値を格納する変数の型として、もっともメモリー消費が少なく適当なものは何か、ア～キの中から答えてください。

① -130　　② -70000　　③ 3.14

（ア）long　（イ）unsigned long　（ウ）short　（エ）unsigned short
（オ）char　（カ）unsigned char　（キ）float

B 1から9までの奇数を要素にもつ、配列aを用意し、その2番目と4番目の和を表示するプログラムを作成しました。次のア～ウに入るコードを答えてください。

```
#include <stdio.h>

int main(){
    int a[] = 「  ア  」 ;
    printf("%d¥n", 「 イ 」 + 「 ウ 」 );
    return 0;
}
```

C 次のcの値は数値で表すと何になるでしょうか。ASCIIコード表を参照しても構いません。

```
int c = 'A' + 'Z' ;
```

D "C Language"という文字列のうしろから4文字目の文字を表示するプログラムを作成しました。次のア～ウに入るコードを答えてください。

```
#include <stdio.h>
#include 「 ア 」

int main(){
    char s[] = "C Language";
    int l; /* sの長さ */
    l = 「 イ 」;
    printf("%c¥n", 「 ウ 」 );
    return 0;
}
```

PART 4

CHAPTER

4 » 条件分岐と演算

ここまでは、あらかじめ決まった動作を行うだけのプログラムを
書いてきましたが、プログラミングをしていると、状況によっては
「条件によって処理を変えたい」となることもあるでしょう。
そんなとき使われるのが制御文です。
制御文には条件式を指定することで、
その式が成り立つ（真＝true）か、成り立たない（偽＝false）か
によって処理の流れを変えます。
この章ではもっとも基本となる、条件分岐の制御文の使い方を
見ていきます。
条件式を組み立てるにはいろいろな演算子が必要に
なりますから、その使い方についても見ていきましょう。

これから学ぶこと

✔ 条件によって処理を分岐させる方法を学びます

✔ 複数の分岐をもつ複雑なプログラムの書き方を学びます

✔ 条件式に使う計算や論理の演算子について学びます

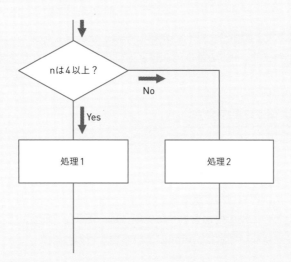

イラスト 4-1 プログラムの流れが見えるフローチャート

プログラムの流れのことをフローともいいます。フローは流れという意味です。フローを図にしたフローチャート（イラスト4-1）というものもよく活用されます。

if文

この節では制御文のひとつである if文 というものを解説していきます。if文は英単語のifと同じく「もし〜だったら」という意味を表すもので、C言語の制御文の中では最も基本的なものになります。

✓ if文とは

　if文は主に2つの数値の大小関係や、等しいか等しくないか、などの条件に応じて、実行する処理を変えたいときに使われます。if文の基本的な書き方は以下のようになります。

```
if(条件式)
      条件式が成り立つとき行われる処理
```

　このように書くことによって、( )内の条件式が成り立つときだけifの次に書かれた処理が行われます。成り立たないときには何も行われません。

　条件式が成り立たないときに別の処理をさせたい場合は、if else文を使います。次のように書くと、( )内の条件式が成り立たない場合は、else以下の処理が行われます。

```
if(条件式)
      条件式が成り立つとき行われる処理
else
      条件式が成り立たないとき行われる処理
```

　また、分岐を3つ以上にしたい場合は、else ifを組み合わせます。else ifはいくつでもつなげられます。

```
if(条件式1)
        条件式1が成り立つとき行われる処理
else if(条件式2)
        条件式2が成り立つとき行われる処理
else
        条件式1と条件式2のいずれも成り立たないときに行われる処理
```

☑ if文を使った例

それでは早速if文を使ったプログラムの例を見てみましょう。このプログラムでは、変数aの値によって処理を分岐させています。

リスト 04-01.c

```c
#include <stdio.h>

int main() {
    int a = 10;      条件式が成り立つ場合こちらの処理が行われる
    if(a == 5)
        printf("%dは5です¥n", a);
    else
        printf("%dは5ではありません¥n", a);
    return 0;
}                    条件式が成り立たない場合こちらの処理が行われる
```

このプログラムの実行結果は次のようになります。

```
10は5ではありません
```

if文の条件式「a == 5」というのは、「aが5と等しい」という意味になります。aが5であればifの次の処理を、そうでないならelseの次の処理を行います。今回はaに10を代入しているので条件式は成り立たず、elseの下の処理が行われます。

なお、条件分岐の中の処理は上のコードのように字下げしておくとよいでしょう。

☑ | ブロック

さきほどのプログラムでは重要な注意事項があります。それは、「条件式が成り立つときに行われる処理」「条件式が成り立たないときに行われる処理」のところに書けるのは、1つの文だけということです。でも、それでは複数の処理を一度にさせたい場合に困りますね。

C言語では、{}で囲まれた処理は1つの文とみなす、というルールがあります。{}で囲まれたものをブロック（複合文）といいます。

さきほどのプログラムでそれぞれの処理のあとに、"あたりです"、"はずれです"を表示させるようにしたコードは次のようになります。{ }を付けていることに注意してください。

リスト 04-02.c

```c
#include <stdio.h>

int main() {
    int a = 10;
    if(a == 5) {                    /* この行の { から */
        printf("%dは5です¥n", a);
        printf("あたりです¥n");
    } else {                        /* この行の } までが1つのブロック */
        printf("%dは5ではありません¥n", a);
        printf("はずれです¥n");
    }
    return 0;
}
```

{ }の付け忘れ

さきほどのプログラムで{ }を付け忘れてしまったらどうなるでしょうか。if( )のあとには1文しか書けませんので、「printf("%dは5です¥n", a);」だけがifの処理となり、「printf("あたりです¥n");」はif( )とは関係のない、普通の文扱いになります。ところが、次にelseが登場します。elseだけの制御文というのはありませんから、結果はコンパイルエラーになります。

しかし、もしelseがなかったとしたら、コンパイルはそのまま成功し、実行結果がおかしくなります。{ }の付け忘れのバグはよくあることですので、常に付けておくようにするとよいでしょう。

数値の計算

これまでに出てきた==や、+、−のことを「演算子」と呼びます。if文に限らず、制御文を使ううえで演算子は切っても切り離せません。この節では演算子について詳しく見ていきましょう。

C言語で数値の計算をするとき、+や−は普段日常で使っているのと同じように使えますが、掛け算や割り算をしたいとき×や÷といった記号が使えないなど、一般的な計算とはすこし違った点もあります。

☑ 数値の計算に使う演算子

C言語で数値の計算をするときに使う演算子には以下のようなものがあります。

表4-1 基本的な演算子

演算子	働き	使い方	意味
+	足す	a = b + c	bとcを足した値をaに代入する
−	引く	a = b − c	bからcを引いた値をaに代入する
*	掛ける	a = b * c	bとcを掛けた値をaに代入する
/	割る	a = b / c	bをcで割った値をaに代入する
%	余り	a = b % c	bをcで割った余りをaに代入する

　この表を見てわかるように、C言語では掛け算や割り算をする際は、×、÷ではなく * (アスタリスク)、/ (スラッシュ) といった記号を使います。余りを求めるための記号% (パーセンテージ) はすこし特殊ですね。

　/と%を使うときは、0で数字を割ることはできないので、cが0だと実行時エラーが発生してしまいます。また、%の場合のb、cには整数型の値を指定します。

☑ 数値計算の例

では、試しに次のプログラムを実行してみましょう。

```c
#include <stdio.h>

int main(){
    int a, b;
    a = 7; b = 3;
    printf("%d+%dは%d¥n", a, b, a+b);
    printf("%d-%dは%d¥n", a, b, a-b);
    printf("%d×%dは%d¥n", a, b, a*b);
    printf("%d÷%dは%d¥n", a, b, a/b);
    printf("%d÷%dの余りは%d¥n", a, b, a%b);

    return 0;
}
```

結果は以下になります。

```
7+3は10
7-3は4
7×3は21
7÷3は2
7÷3の余りは1
```

✔ | 型変換

　さきほどの例をよく見ると、7/3の結果が2になっています。なぜ2.333…ではないのでしょうか。 じつはC言語では、整数型の値を整数型の値で割った結果は、整数型になるというルールがあるのです。2.333…という結果を得るためには、変数aか b のどちらかが実数型である必要がありますが、計算の途中で型を変換することもできます。型を変換するには、該当行を次のように修正します。

```c
printf("%d÷%dは%f¥n", a, b, (float)a/b);
```

　このように「(型名) 変数名」で一時的に型を変換することをキャスト（明示的型変換）といい、( )のことをキャスト演算子といいます。なお、計算結果は実数型になるので、この例では書式指定を%fに変更しています。

✔ 暗黙的型変換

　型変換には、コンパイラが自動で行う暗黙的型変換というものもあります。暗黙的型変換は、代入や計算の中で行われる変換です。

代入するときは、=記号の左辺の型と右辺の型が違う場合、左辺の型に変換されます。次の例を見てみましょう。

```
int a;
float b = 3.14;
a = b;
```

aは整数型、bは実数型と型が違いますね。このような場合、a = bの代入では、bから取り出された値はaに代入される際にint型に暗黙的に変換されます。小数点以下は切り捨てられて3になります。

計算の際、型の違う変数が記述されているときは、基本的に精度の高いほうの型に変換されます。こちらも実際に例を見てみましょう。

```
int a = 2;
double b = 5.1;
double sum;
sum = a + b;
```

この例ではint型のaとdouble型のbを加算しています。このとき、int型のaはdouble型に変換されて計算が行われます。なお、精度の高さの順序は次のようになります。

低 ← char short int long float double → 高

✔ 代入演算子

すでに何度も登場している、変数に値を代入する演算子「=」では左辺を変数、右辺を値とみなします。よって、整数型の変数aの値そのものの値を3増やしたい場合は次のように書くことができます。

```
a = a + 3;
```

これは左辺の変数aに「a + 3」の計算結果を代入するという意味になります。また、省略形として、次のように書くこともできます。

```
a += 3;
```

このような「=」や「+=」といった演算子を、代入演算子といいます。C言語で使う代入演算子には次のようなものがあります。

表4-2 代入演算子

演算子	働き	使い方	意味
=	=（代入）	a = b	aにbの値を代入する
+=	足して代入	a += b	a + bの結果をaに代入する
-=	引いて代入	a -= b	a - bの結果をaに代入する
*=	掛けて代入	a *= b	a * bの結果をaに代入する
/=	割って代入	a /= b	a / bの結果をaに代入する
%=	余りを代入	a %= b	a % bの結果をaに代入する

☑ 代入演算子の例

　ではこちらの演算子も実際に使ってみましょう。次のプログラムは、aを10で初期化し、その後、代入演算子+=でaを10増加しています。

リスト 04-04.c

```c
#include <stdio.h>

int main(){
    int a = 10;
    a += 10;
    printf("10+10は%d¥n", a);
    return 0;
}
```

このプログラムを実行すると次のような結果になります。

```
10+10は20
```

☑ インクリメント・デクリメント演算子

　変数の値を1増やしたり、1減らしたりしたいときには、インクリメント（加算）演算子、デクリメント（減算）演算子というものを使うことができます。
　それぞれ、以下のような使い方と意味があります。

表4-3 インクリメント・デクリメント演算子

演算子	働き	使い方	意味
++	インクリメント演算子 変数の値を1増やす	a++ または++a	aを1増やす
--	デクリメント演算子 変数の値を1減らす	a-- または--a	aを1減らす

✅ 前置と後置

　インクリメント演算子、デクリメント演算子には書き方がそれぞれ2とおりあります。++a、--aのように、変数の前に演算子を置く書き方を前置、a++、a--のように、変数のうしろに演算子を置く書き方を後置といいます。

　これらの書き方は、変数を1増やす、変数を1減らすという意味は同じですが、演算を行うタイミングが異なります。前置は値の参照より前に演算を行い、後置は値の参照よりあとに演算を行うという違いがあるのですが、どういうことなのか、実際にプログラムで確かめてみましょう。

リスト 04-05.c

```c
#include <stdio.h>

int main(){
    int a = 1, b = 1;
    printf("前置の場合:%d¥n", ++a);
    printf("後置の場合:%d¥n", b++);
    return 0;
}
```

　このプログラムの実行結果は以下のようになります。

```
前置の場合:2
後置の場合:1
```

　このプログラムでは、変数a、bをともに1で初期化し、その後aは前置の、bは後置のインクリメント演算子で1ずつ増加しています。

　前置の場合は、printf()関数によるaの値の参照よりも前に加算が行われ、表示される値は2になります。かみ砕いて書くと、前置の場合は、次のような順序で処理が行われていることになります。

```c
a = a + 1;
printf("%d¥n", a);
```

　一方、後置の場合はaの値を参照したあとに加算が行われるので、表示される値は1のままになります。よって後置の場合は、次のような順序で処理が行われていることになります。

```c
printf("%d¥n", b);
b = b + 1
```

　インクリメント・デクリメント演算子は、今後出てくる「処理を繰り返すプログラム」などあらゆる場面で登場します。前置と後置の違いをしっかりと理解しておきましょう。

値の比較

CHAPTER 4
03

この節では数値を比較するための演算子である、比較演算子について解説していきます。比較演算子はif文などの条件式を作るときによく使われます。

✔ 比較演算子

比較演算子は、数値型の変数や数値を比較するための演算子です。比較演算子には以下のようなものがあります。

表4-4 比較演算子

演算子	働き	使い方	意味
==	等しい	a == b	aとbは等しい
<	より小さい	a < b	aはbより小さい
>	より大きい	a > b	aはbより大きい
<=	以下	a <= b	aはb以下
>=	以上	a >= b	aはb以上
!=	等しくない	a != b	aとbは等しくない

✔ 条件式がもつ値

条件式では、条件が成り立っている場合をtrue（真）、成り立っていない場合をfalse（偽）と呼びます。条件式は式そのものが値をもっており、C言語では、真のときは条件式そのものの値は1に、偽のときは0になります。どういうことなのか実際に見てみましょう。

リスト 04-06.c

```c
#include <stdio.h>

int main(){
    int a = 2, b = 4;
    printf("%d %d %d", a < b, a > b, a == b);
    return 0;
}
```

このプログラムの実行結果は次のようになります。

```
1 0 0
```

このプログラムでは、printf()関数によって表示するデータの部分に数値ではなく条件式が入っています。変数aの値は2、変数bの値は4なので、「a < b」、「a < b」、「a == b」はそれぞれ真、偽、偽になることがわかると思います。条件式は真のときに1、偽のときに0という値を持つので、書式指定で%dを指定して整数として表示すると、上記のような結果になります。

if文の処理の振り分け

if文は、条件式が0であれば偽、0以外であれば真とみなして処理を振り分けています（必ずしも1でなくても、0以外なら真とみなされます）。このことから、制御文の条件式を次のように書くこともできます。

リスト 04-a.c

```c
#include <stdio.h>

int main() {
    int a = 5;
    if(a % 3) {
        printf("%dは3の倍数ではありません\n", a);
    } else {
        printf("%dは3の倍数です\n", a);
    }
    return 0;
}
```

この例では5%3の値は2であり、0でないことから、「5は3の倍数ではありません」と表示されます。

☑ 配列や文字列の比較

　配列は==演算子では比較できません。ですので、同じものであるかを比較するには、要素を1つ1つ比較してすべての値が等しいかを調べる必要があります。

　文字列も文字の配列ですから、「s == "Hello"」のようにして比較することはできません（一方「文字」は数値と同じ扱いなので==で比較できます）。文字列どうしを比較するときは、strcmp()関数を使うことができます。なお、この関数を使うときは、プログラムの最初に「#include <string.h>」と記述しておかなければなりません。

```
c = strcmp(s1, s2);
```

　引数には比較する2つの文字列を指定します。戻り値は辞書的に前か後か（辞書はアルファベット順に並んでいるので、たとえば「Arm」と「Art」では辞書の並び順は「Arm」の方が前になります）によって、負、0、正のいずれかの値になります。普通は、条件が成り立つときは1、成り立たないときは0となりますが、strcmp()関数では文字列どうしが一致するときは0になりますので、間違えないように注意しましょう。

表4-5 判定結果別の戻り値

判定結果	戻り値
s1がs2より辞書的に前	負
s1とs2は等しい	0
s1がs2より辞書的に後	正

論理的な演算

今までは条件式に1つの条件だけを入れて、それが真か偽かによって処理を変えていました。この節では、論理演算子というものを用いて、複数の条件式を組み合わせて、より複雑な条件式を作る方法を見ていきます。

☑ 論理演算子

複数の条件を組み合わせて、より複雑な条件を表したいときに、論理演算子を使います。論理演算子には次の3種類があります。

表4-6 論理演算子

演算子	働き	使い方	意味
&&	かつ	a >= 0 && a <= 100	aの値が0以上かつ100以下である
||	または	a == 1 || a == 10	aの値が1または10である
!	否定	!(a == 10)	「aの値が10」ではない

これらを使ったすこし複雑な条件式の例を見てみましょう。次の3つの条件式はどれも同じ意味を表しています。

`!((a == 0) || (b == 1))` 　　「aが0と等しいか、bが1と等しい」ということはない

`!(a == 0) && !(b == 1)` 　　「aが0と等しい」ということはなく、「bが1と等しい」ということもない

`a != 0 && a != 1` 　　「aが0と等しくない」かつ「bが1と等しくない」

数学の式と同様に、式では( )で囲んだ部分は先に評価されます。自分の意図した条件式になっているかしっかり確認しましょう。

ド・モルガンの法則

AおよびBを式としたとき、「!(A && B)」は、「!A || !B」と変換でき、「!(A || B)」は、「!A && !B」と変換できます。否定を( )の中に入れると、&& と || が逆転するイメージです。このことをド・モルガンの法則といいます。

☑ | 条件演算子

?と:の2つの記号を使って、if文を使うより簡潔に条件分岐させることができます。使い方は次のようになります。

条件式 ? 条件が真のときの式 : 条件が偽のときの式

これは条件式が成り立つときは:の前の式を、成り立たないなら:の後の式を実行するという意味になります。具体的に使ってみましょう。

リスト 04-07.c

```c
#include <stdio.h>

int main(){
    int a = 5;
    printf("%dは%sです¥n", a, a >= 10 ? "10以上" : "10未満");
    return 0;
}
```

このプログラムの実行結果は以下のようになります。

5は10未満です

条件分岐にあたる部分は、コード中に示した部分になりますが、さきほどの説明と照らし合わせると、「a >= 10」が条件式、「"10以上"」が「条件が真のときの式」、「"10未満"」が「条件が偽のときの式」となります。今回は、aの値は5なので条件式は偽となり、「"10未満"」の処理が行われます。このように条件演算子は条件によって式の値を変えたいときに使います。

CHAPTER 4

高度な演算

今までさまざまな演算子を紹介してきましたが、この節では、それらの演算子を組み合わせて、より高度で複雑な演算をする方法を見ていきましょう。

✓ 演算の優先順位

　式は基本的に左から右へ計算されますが、式の中に複数の演算子が含まれる場合は、あらかじめ決められた優先順位に基づいて計算されます。例えば「( )の中を先に計算する」、「*や/は、+や-よりも先に計算する」といったルールはC言語でも有効です。具体的には次の表の順位に基づいて計算が行われます。

表4-7 演算の優先順位

←優先度高　　　　　　　　　　　　　　　　　　　　　　　　　　　　　　　　　　優先度低→

( ) [ ] ++ -- (後置) !	++ -- (前置)	sizeof	キャスト演算子	* / %	+ -	< <= > =>	== !=	&&	||	条件演算子	= += -= *= /= %=

　では、実際にこれらの演算子を使って優先順位を確認してみましょう。

リスト 04-08.c

```c
#include <stdio.h>

int main(){
    printf("2×5-6÷3=%d¥n", 2*5-6/3);
    printf("2×(8-6)÷2=%d¥n", 2*(8-6)/2);
    printf("1-2+3=%d¥n", 1-2+3);
    printf("1-(2+3)=%d¥n", 1-(2+3));
```

```
        return 0;
}
```

このプログラムの実行結果は以下のようになります。

```
2×5-6÷3=8
2×(8-6)÷2=2
1-2+3=2
1-(2+3)=-4
```

✔ 複雑な論理演算

　最後に、より複雑な論理演算を使って条件分岐を作る方法を見ていきましょう。例えば、ある採用試験の合格基準が次のようなものであったとします。

条件1. 試験の点数が90点以上（25歳未満なら80点以上でも可）
条件2. 経験年数2年以上

　試験の点数をscore、年齢をage、経験年数をcareerとした場合、これらの条件を満たしているかどうかを判別するための条件式は以下のようになります。

```
                          ❶
if((score >= 90 || (age < 25 && score >= 80)) && career >= 2) {
                          ❷                    ❸
    printf("合格");
} else {
    printf("不合格");
}
```

　この条件式では、「(score >= 90 || (age < 25 && score >= 80))」が条件1、「career >= 2」が条件2となっています。( )内が優先的に計算されるので、計算順序は❶、❷、❸の順になります。優先順位が不明なときは積極的に( )を付けていくのがよいでしょう。

☑ if文を組み合わせて書く方法

さきほどの例は、if文を組み合わせて書くこともできます。一例としては次のような感じです。

```
if(career >= 2) {
    if(score >= 90) {          ← if文の中にif文を書くこともできます。
        printf("合格");             このような入れ子構造のことをネストといいます
    } else if (age < 25) {
        if(score >= 80) {
            printf("合格");
        } else {
            printf("不合格");
        }
    } else {
        printf("不合格");
    }
} else {
    printf("不合格");
}
```

　一般的には演算子を組み合わせて書いたほうが見た目がシンプルで実行速度も速いですが、論理式が複雑になりすぎて見通しが悪くなってしまうようなときは、if文で処理を振り分けるのもよいでしょう。

- ✓ if文は条件に応じて処理内容を変えたいときに使います。elseやelse if で条件を満たさないときの処理内容を指定することもできます

- ✓ if文の中に書ける文は1つだけなので、複数の処理を行いたいときは{ } で囲んでブロックにします

- ✓ +、-、*、/のような計算に使う記号を演算子と呼びます。数値演算子、 比較演算子、論理演算子、条件演算子などの種類があります

- ✓ 数値の演算では暗黙的な型変換が行われます。明示的に型変換すること もできます

- ✓ 演算には優先度が決められています。優先して計算させたい場合は( ) で囲みます

練習問題

Ⓐ 変数scoreの値が85点以上なら「優」、70点以上なら「良」、50点以上なら「可」、50点未満なら「不可」と表示するプログラムを作りました。以下はその一部です。次のア〜エの空欄を埋めてください。

```
   ア      {
     printf("優￥n");
}    イ    {
     printf("良￥n");
}    ウ    {
     printf("可￥n");
}    エ    {
     printf("不可￥n");
}
```

Ⓑ 条件「aの値はbとcの積に等しいか、dは真ではない」を表す条件式になるようにア〜エの空欄を埋めてください。

```
a    ア    b    イ    c    ウ        エ    d
```

Ⓒ int型変数nの値が3以上のときはそのままのnの値を、そうでない場合は0を表示する文になるよう、空欄を埋めてください。

```
printf("%d￥n",           );
```

Ⓓ 下のプログラムの動作を表す説明として正しいものを選んでください。

（ア）mは4、nは3で初期化されるが、ifの条件を満たさないので、mの値は4のままで、nは4になるので、結果として「4 4」と表示される。

（イ）mは4、nは3で初期化されるが、ifの条件を満たすので、mの値は3、nの値は4になる。結果として「3 4」と表示される。

（ウ）mは4、nは3で初期化されるが、ifの条件を満たさないので、mの値とnの値は変わらない。結果として「4 3」と表示される。

```c
#include <stdio.h>

int main() {
    int m = 4, n = 3;
    if(n > 3) m--; n++;
    printf("%d %d￥n", m, n);
    return 0;
}
```

CHAPTER

5 » 処理を繰り返す

前章では、条件に応じて処理を変えたいとき、
if文を使ってプログラムに分岐を作り、
条件に応じた処理を行う方法を見てきました。
この章では、処理を繰り返すプログラムの書き方を見ていきます。
繰り返しのことを英語ではループといいます。
繰り返しの制御文もプログラミングではよく使われるので、
要点をしっかり押さえておきましょう。

これから学ぶこと

✔ 決まった回数の繰り返しを行う方法を学びます

✔ キーボードからの入力に応じて繰り返すなど、回数があらかじめ決まっていない繰り返しを行う方法を学びます

✔ 繰り返しを中断したり、スキップしたりする方法を学びます

✔ 配列を繰り返し処理内で効率的に処理する方法を学びます

✔ 値によって処理を多数に分岐させる方法を学びます

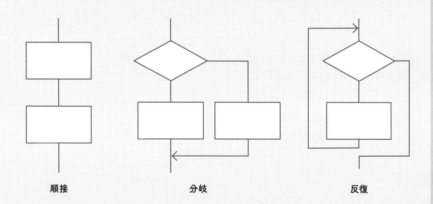

順接　　　　　　　　　分岐　　　　　　　　　反復

イラスト 5-1 繰り返し処理にもさまざまな種類があります

繰り返し処理によってデータを効率的に処理したり、複雑な動作を行ったりできます。C言語は順接（順番に実行すること）、分岐、反復（繰り返し）を組み合わせてプログラミングしていきます。これを構造化プログラミングといいます。

CHAPTER 5

01

決まった回数
繰り返す

繰り返しを行う制御文は大きく分けて、あらかじめ繰り返しの回数が決まっているものと決まっていないものの2種類があります。この節では、繰り返す回数が決まっているときに使う制御文である、for文について見ていきます。

✓ for文

同じ処理を繰り返し行うプログラムでは、for文がよく使われます。for文では繰り返し回数を記憶しておくカウンタの役割を担う変数をあらかじめ用意しておきます。for文の記述方法は次のようになっています。

```
for(カウンタの初期化式; 繰り返し継続の条件式; カウンタの変化式)
        繰り返し行う処理
```

「繰り返し行う処理」の部分は、if文と同様、複数の文を書きたいときは{ }でブロック文にします。それでは実際にプログラムを書いてみましょう。

リスト 05-01.c

```c
#include <stdio.h>

int main(){
    int i;
    for(i = 1; i <= 5; i++){        1から始めて、5になるまで1ずつ増やす
        printf("%d回目\n", i);
    }
    return 0;
}
```

このプログラムの実行結果は以下のようになります。

| 1回目 |
| 2回目 |
| 3回目 |
| 4回目 |
| 5回目 |

　このプログラムでは、カウンタをiとし、iが5以下のあいだ{ }内の処理を繰り返し、処理を繰り返すごとにiの値を1増やしています。繰り返しの処理内では、iの値を利用することができます。iは1ずつ増えているので、表示される数字も1ずつ増えていきます。

✅ 2重ループ

　for文を2つ使うことで、1つのループの中にもう1つのループを作ることもできます。for文を重ねたループのことを2重ループといいます。例を見てみましょう。

リスト 05-02.c

```c
#include <stdio.h>

int main(){
    int x, y;          ← カウンタ変数を2つ用意
    for(x = 0; x < 3; x++){
        for(y = 0; y < 3; y++){
            printf("%d %d¥n", x, y);   ── 内側のループ ── 外側のループ
        }
    }
    return 0;
}
```

　このように書くと、外側のfor文でxを1ずつ増やし、内側のfor文でyを1ずつ増やしています。値の取りうる範囲はx、yとも0から2までになります。継続条件が「x<3」ですので、xやyの値が3の回は行われないことに注意してください。
　一番内側の処理では、xとyの値を表示しているので、実行するとxとyの値の移り変わりを確認することができます。結果は以下のようになります。

```
0 0
0 1    ── x=0の回
0 2
1 0
1 1    ── x=1の回
1 2
2 0
2 1    ── x=2の回
2 2
```

多重ループと処理時間

ループは2重、3重にも書くことができ、これを多重ループといいます。

ループ処理のプログラムを作るときは、内側の処理が実行される回数が必然的に多くなります。先の例でもたった数行のコードで、9回もprintf()関数が呼び出されています。つまり内側の処理が時間のかかるものだと、非常に多くの時間がかかってしまうことになりかねません。今後多重ループのプログラムを作るときは、実行時間に留意し、ループの中に書かなくてもよいコードはループの外側に出したり、プログラムを工夫して多重ループを回避したりすることも考えてみてください。

条件に合うあいだ繰り返す

前節では繰り返しの回数があらかじめ決まっているときに使うfor文を見ていきました。ですが、プログラムでは、何回繰り返すかは決まっていないが、処理を繰り返し行いたいという場合もあります。例えば、ユーザーの入力に応じて繰り返すかどうかを決めるときや、ある時間になるまで繰り返したいときなどです。そういった場合はwhile文を使います。

✔ while文

繰り返しの回数が決まっていない繰り返しにはwhile文を使います。while文の記述方法は次のようになります。

```
while(繰り返し継続の条件式)
    繰り返し行う処理
```

「繰り返し行う処理」の部分は、for文と同様、複数の文を書きたいときは{ }でブロック文にします。

while文のfor文との大きな違いはカウンタにあたるものがないことですが、逆にいえば、自分でカウンタにあたるものを作って制御すればカウンタを使ったループを作ることも可能です。そのようなプログラムを書いてみましょう。

リスト 05-03.c

```c
#include <stdio.h>

int main() {
    int a = 9;
    while(a > 0){
        printf("%d¥n", a);
        a -= 2;
    }
    return 0;
}
```

101

このプログラムは、カウンタ変数aの初期値を9として、aが0より大きいあいだ、while文の中の処理を繰り返します。ループの中でaの値を2減らしていることに注意してください。

　この実行結果は次のようになります。

```
9
7
5
3
1
```

✔ ｜ do 〜 while文

　先ほど紹介したwhile文は処理を行う前に条件式を評価します。そのため、最初の回で条件が成立しなければ、一度も処理を実行しないことがあります。条件が成立しているかにかかわらず、一度は処理を実行したいときは、次のdo 〜 while文を使います。

```
do {
    繰り返し行う処理
} while(繰り返し継続の条件式);
```

では実際にプログラムを書いてみましょう。次のプログラムはキーボードから入力した文字がZであるときにプログラムを終了します。

リスト 05-04.c

```
#include <stdio.h>

int main(){
    char a;
    printf("好きなアルファベットを入力してください(zで終了)¥n");
    do {
        a = getchar();       ← キーボードからの入力を受け付ける
        printf("%c", a);     ← 入力した文字をそのまま表示
    } while(a != 'z');
    return 0;
}
```

　まず初めて見るgetchar()関数について解説しましょう。getchar()関数はキーボードの入力を受け付ける関数です。ただすこし変わっているのは、ユーザーが入力した文字がプログラムに渡されるのは、Enter が押されたタイミングだということです。Enter が押されるまでに入力された文字列は入力バッファに溜め置かれ、Enter が入力されたタイミングで1文字ずつプログラムに渡されます。

exampleと入力して
Enterキーを押す

このプログラムの実行結果は次のようになります。ループの中で入力された文字をそのまま表示していますが、条件式が「a != 'z'」なので、zが来た時点でループは終了します。

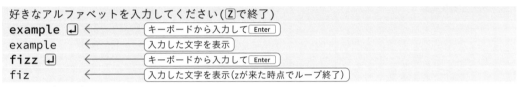

※太字はユーザーの入力

　この例ではループが終了する条件が、ループの中のgetchar()関数の結果によるので、do ～ while()ループのほうが向いているといえるでしょう。

繰り返しを中断する

CHAPTER 5

03

for文やwhile文、do ～ while文といった繰り返し処理では、ループを途中で終わらせたり、途中の処理をスキップして次の回に進ませたりすることができます。この節ではこれらの方法について見ていきます。

✔ break文

ループを途中で終わらせるときはbreak文を使います。

次の例では、以前登場したi ≦ 5のあいだ繰り返すループですが、3回目で早めにループが中断されます。

リスト 05-05.c

```c
#include <stdio.h>

int main(){
    int i;
    for(i = 1; i <= 5; i++){
        printf("%d回目¥n", i);
        if(i == 3)
            break;
    }
    return 0;
}
```

結果は次のようになります。

```
1回目
2回目
3回目
```

break文によって中断されるループは、break文に一番近いループだけになります。複数のループを一気に抜けたいときは、その都度break文を書く必要があります。次の例では、x * y + zの結果が35以上になったらそのときのx, y, zの値を表示します。3つのループを抜けるためにbreak文を3つ書いています。

リスト 05-06.c

```c
#include <stdio.h>

int main() {
    int x, y, z, a;
    for (x = 1; x <= 10; x++) {
        for (y = 1; y <= 10; y++) {
            for (z = 1; z <= 10; z++) {
                a = (x * y + z);
                if (a >= 35) break;
            }
            if (a >= 35) break;
        }
        if (a >= 35) break;
    }
    printf("x:%d y:%d z:%d\n", x, y, z);
    return 0;
}
```

これを実行すると次のような結果になります。

```
x:3 y:9 z:8
```

☑ continue文

ループの途中でその回をスキップし、次の回にまわすときはcontinue文を使います。

次のプログラムはa + bの計算結果を表示するプログラムですが、結果が5のときはcontinueにより繰り返しの次の回の先頭に戻るので、その回だけは結果が表示されません。

リスト 05-07.c

```c
#include <stdio.h>

int main(){
    int a, b;
    for(a = 1; a <= 3; a++){
        for(b = 1; b <= 4; b++){
            if(a + b == 5)
                continue;
            printf("%d+%d=%d\n", a, b, a+b);
        }
    }
    return 0;
}
```

結果は次のようになります。

```
1+1=2
1+2=3
1+3=4
2+1=3
2+2=4
2+4=6
3+1=4
3+3=6
3+4=7
```

← 1+4は5になるので表示されません

← 2+3は5になるので表示されません

← 3+2は5になるので表示されません

☑ 無限ループ

　ループでは、常に成立してしまうような式を条件式に設定してしまうと、処理をずっと繰り返してしまい、ループから抜けられなくなってしまいます。例えば、次の処理では、aは常に正なので、無限ループになってしまいます。

```
int a = 10;
while(a > 0){
    printf("%d¥n", a);
    a++;
}
```

　この例では「a++」を「a--」にすればループが終わるようにできます。条件式と繰り返し処理の内容に注意して無限ループにならないように気を付けましょう。
　なお、間違えて無限ループのプログラムを実行してしまったときは、MSYS2では Ctrl + C でプログラムを中断することができます。

無限ループの活用

きちんとループを脱出する手段が用意されている場合に限りますが、意図的に無限ループを活用する場合もあります。例えば、次のようにwhileの条件として1（真）を指定することで無限ループを作る手法があります。この場合は入力文字が Z であればループを抜けられるので問題ありません。

```
char a;
while(1) {
    a = getchar();
    if(a == 'z')
        break;
    printf("%c", a);
}
```

配列と
繰り返し

ここまで繰り返しの制御文の使い方を見てきましたが、これらを使うことで、より高度な配列の操作を行うことができます。配列と繰り返しの制御文を使ったプログラムはよく使うので、しっかり使い方を覚えましょう。

✔ 繰り返しを使った配列の参照

　次のプログラムのように、for文を使うことで配列の参照を効率的に行うことができます。次のプログラムは配列の要素の総和を求めるプログラムです。

リスト 05-08.c

```c
#include <stdio.h>

int main(){
    int i, sum = 0;
    int a[] = {1, 23, 4, 56, 7};
    for(i = 0; i < 5; i++){
        printf("a[%d]=%d¥n", i, a[i]);      ← 途中経過を表示
        sum = sum + a[i];                    ← sumに配列の要素を加算
    }
    printf("配列の要素の総和は%d¥n", sum);   ← 総和を表示
    return 0;
}
```

このプログラムの実行結果は次のようになります。

```
a[0]=1
a[1]=23
a[2]=4
a[3]=56
a[4]=7
配列の要素の総和は91
```

　このように、配列の添字をループカウンタとすることで、簡単かつシンプルに配列の要素を参照することができます。

　2次元配列、3次元配列の要素を順番に参照したいときは、2重ループや、3重ループを使うことで実現できます。次の例は2次元配列aの要素をすべて参照し、その総和を表示するプログラムです。

リスト 05-09.c

```c
#include <stdio.h>

int main(){
    int x, y, sum = 0;
    int a[2][3] = {
        {1, 2, 3},
        {4, 5, 6}
    };
    for(y = 0; y < 2; y++){        ←──────  yは0,1の値をとる
        for(x = 0; x < 3; x++){    ←──────  xは0,1,2の値をとる
            printf("a[%d][%d]=%d¥n", y, x, a[y][x]);
            sum = sum + a[y][x];
        }
    }
    printf("配列の要素の総和は%d¥n", sum);
    return 0;
}
```

　このプログラムは、基本的にはさきほどのプログラムと同じようなことをしているのですが、ループが2重になっていることで、どういう順番で処理が進み、どのように添字を割り当てればよいのかがわかりづらくなっていると思います。そのあたりをしっかりと理解しておきましょう。

　このプログラムの実行結果は次のようになります。

```
a[0][0]=1
a[0][1]=2
a[0][2]=3
a[1][0]=4
a[1][1]=5
a[1][2]=6
配列の要素の総和は21
```

値による
分岐

ここで繰り返し処理からちょっと離れて、switch文という、処理を多数に分岐させる制御文を紹介します。これまでの制御文と比べると、すこし書き方がイレギュラーですが、便利な制御文です。

✔ switch文

switch文は数値の値によって処理を多数に分岐させる制御文です。switch文の構文は次のようになります。

```
switch(評価したい変数) {
    case 値1:
        処理1
        break;
    case 値2:
        処理2
        break;
        ・
        ・
        ・
    default:
        デフォルトの処理
}
```

「評価したい変数」の値をcaseで分けて、振り分けるイメージです。breakはcaseの処理の終わりを表すために必要です。caseのどれにも当てはまらないときの処理をdefault以下に記述します。caseですべてのパターンを網羅できるときは、defaultは省略可能です。なお、switch文ではcaseやdefaultのあとに書く処理が複数になってもブロックにする必要がありません。

早速、実際の利用例を見てみましょう。次のプログラムは、forループの回によって表示する内容を変える例です。

```c
#include <stdio.h>

int main(){
    int i = 0;
    for(i = 0; i<4; i++) {
        switch(i) {          評価したい変数
            case 0:
                printf("今日は晴れです。");
                printf("さわやかな日です。¥n");
                break;
            case 2:
                printf("今日は曇りです。");
                printf("過ごしやすいです。¥n");
                break;
            case 3:
                printf("今日は雨です。");
                printf("憂鬱です。¥n");
                break;
            default:
                printf("今日は雪です。");
                printf("とても寒いです。¥n");
        }
    }
    return 0;
}
```

このプログラムの実行結果は次のようになります。i=1のときは、caseに当てはまるものがないので、defaultの処理が実行されます。

```
今日は晴れです。さわやかな日です。
今日は雪です。とても寒いです。
今日は曇りです。過ごしやすいです。
今日は雨です。憂鬱です。
```

☑ switch文を使うときの注意

switch文の「評価したい変数」は実は何でもよいわけではなく、「数えられるもの」である必要があります。例えば、整数型の変数はOKですが、floatやdoubleといった実数型の変数は利用できません。また文字列も利用不可です。文字型は整数と互換性があるのでOKです。

```
float f = 1.0;        char s[] = "A";        char c = 'A';
switch(f) {           switch(s) {            switch(s) {
case 1.0:             case "A":              case 'A':
;                     ;                      ;
```
✕   ✕   ○

「評価したい変数」が数えられないものである場合には、if 〜 else if 〜 else 文を利用します。

CHAPTER 5 » まとめ

- ✓ for文は繰り返す回数が決まっているときに使います

- ✓ while文は繰り返す回数がわからないときに使います。先にループを続けるかの判断が行われるため、一度も実行されない可能性があります

- ✓ do ～ while文も繰り返す回数がわからないときに使いますが、ループを続けるかの判断は中の処理の実行後に行われます

- ✓ break文でループを中断、continue文でループの回をスキップすることができます

- ✓ 配列の添字にカウンタを指定することで、配列を効率的に利用することができます

- ✓ switch文は数値の値によって処理を多数に分岐させるときに使います

A 次のプログラムは元の文字列s1から1文字おきに取り出して、s2に格納するというものです。ア〜ウの空欄を埋めてください。

```
#include <stdio.h>
#include <string.h>

int main(){
    char s1[] = "GreenTea";
    char s2[10] = "";
    int i;

    for(i = 0; i<strlen(s1);  ［ ア ］ ) {
        ［ イ ］
    }
    ［ ウ ］ = '¥0';
    printf("%s¥n", s2);

    return 0;
}
```

▼実行結果

```
Gene
```

B 次のプログラムは、12の倍数のうち、7で割った余りが2になる最小の整数を調べるというものです。空欄に当てはまる式を次のアイウから選んでください。

```
#include <stdio.h>

int main(){
    int n = 0;
    while ( ［      ］ ) {
        n += 12;
        printf("%d¥n", n);
    }
    return 0;
}
```

(ア) n % 7 == 2
(イ) n % 7 != 2
(ウ) n % 7 = 2

C 次のプログラムは、点数を格納する配列dataの各要素について、点数5点ごとにアスタリスクを1つ表示することで、実行結果のようなグラフを表示するというものです。空欄に入るコードを答えてください。

```
#include <stdio.h>

int main(){
    int data[] = {25, 83, 22, 61, 94, 22};
    int i, j;
    for(i = 0; i<6; i++) {
        printf("%d:", i);
        _____
            printf("*");
        printf("\n");
    }
    return 0;
}
```

▼実行結果

```
0:*****
1:****************
2:****
3:************
4:*******************
5:****
```

D 次のプログラムは、配列aの各要素を先頭から順番に加算していくというものですが、特別ルールとして、-1のときはそれまでの合計を2倍にし、-2のときはそれまでの合計を3倍にするものとします。また、最後の要素は必ず0であるものとします。アからエの空欄に入るコードを答えてください。

```
#include <stdio.h>

int main(){
    int a[] = {1,5,-1,6,-2,3,0};
    int i = 0;
    int r = 0;

    while( [ ア ] ) {
        switch(a[i]) {
            [ イ ]
                r *= 2;
                printf("x2->%d\n", r);
                break;
            [ ウ ]
                r *= 3;
                printf("x3->%d\n", r);
                break;
            [ エ ]
                r += a[i];
                printf("+%d->%d\n", a[i], r);
        }
        i++;
    }
    return 0;
}
```

▼実行結果

```
+1->1
+5->6
x2->12
+6->18
x3->54
+3->57
2
```

CHAPTER

6 » メモリーを扱う

変数や配列といったデータは、
コンピュータのメモリー上に保存されています。
今まではこのメモリーについて特に気にすることなく
プログラミングをしてきましたが、
より大きな記憶領域を使いたいときは、
自分で使いたい分のメモリーを確保し、
使い終わったらそれを解放するといった処理が必要に
なってきます。
この章では、そのようなメモリーの取り扱いについて
見ていきます。

これから学ぶこと

✔ メモリー上のアドレスと変数などの関係を理解します

✔ ポインタとはどういうものか、どのように活用するのかを知ります

✔ 自分でメモリーを確保して利用する方法について学びます

✔ ポインタに関連する関数の使い方を知ります

イラスト 6-1 メモリーには番地があり、ポインタはその行き先掲示板です

ポインタは行き先掲示板のようなものです。つまずきやすいところなので、しっかりと理解しておきましょう。

メモリー空間

この節では、データが保存されているメモリーがどのような構造になっている
かを見ていきます。

メモリーには1バイト（8ビット）ごとにアドレスという連続した番号が割り当てられています。
ちょうど住所でいうところの番地のようなものです。

メモリーはOSやプログラムにより管理されており、変数や配列を宣言すると、そのメモリー上
に変数や配列用の領域が割りてられます。たとえばlong型は32bitの領域をもつので、4バイト分
のメモリー領域を占有します。配列であれば、型のバイト数×要素数といった感じです。
CHAPTER3で紹介したsizeof()は変数や型のメモリー量を調べるものでしたね。

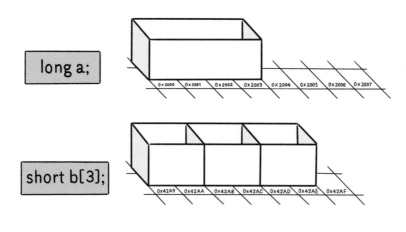

イラスト 6-2　変数は型によってメモリー上で占有する
領域が異なります

このような、アドレスによって管理されている変数や配列が保存されている空間を、メモリー空
間といいます。なお、上の図ではアドレスを4桁の16進数で表していますが、たいてい実際はもっ
と桁数が多くなります。

メモリー上の
アドレスを得る

メモリー空間の構造やアドレスについて紹介しましたが、ここではアドレスの
取得方法について詳しく見ていきます。
ただし、アドレスが実際にどのような値になっているかは、デバッグを行うとき
以外は意識する必要はありません。しかし、このアドレスを利用することで、い
ろいろ便利なことがあります。

☑ 変数とアドレス

　変数を宣言するとメモリー上にその型に応じた大きさ分の領域が確保されますが、その先頭のア
ドレスは、変数名の前に＆（アンパサンド）を付けて表されます。次の例では変数a、bのアドレス
を表示するプログラムです。

リスト 06-01.c

```c
#include <stdio.h>

int main(){
    char a;
    long b;
    printf("aのアドレスは%x、bのアドレスは%x¥n", &a, &b);
    return 0;
}
```

　結果は次のようになります。アドレスは自動的に割り当てられるため、アドレスの部分は実行環
境によって異なります。

```
aのアドレスはffffcc3f、bのアドレスはffffcc30
```

配列も宣言すると連続したメモリー領域が確保されますが、配列の場合は、配列名そのものがその配列の先頭要素のアドレスを表します。たとえばaという配列があるとき、aそのものが配列のアドレスを表します。&(a[0])のように書いても構いませんが、あまりそのようには書きません。実際にアドレスを表示してみましょう。

リスト 06-02.c

```c
#include <stdio.h>

int main(){
    long a[5] = {10, 20, 30, 40, 50};
    printf("配列aのアドレスは%x¥n", a);
    printf("要素a[0]のアドレスは%x、値は%d¥n", &(a[0]), a[0]);
    return 0;
}
```

実行結果は次のようになります。これからわかるように、配列名aの値は配列の先頭要素のアドレスと同じになります。

```
配列aのアドレスはffffcc10
要素a[0]のアドレスはffffcc10、値は10
```

ポインタ

この節ではアドレスを値として格納する変数である「ポインタ」について解説していきます。ポインタはC言語を学ぶ上で初心者がつまずきやすい内容になりますので、確実に理解していってください。

✔ ポインタとは

アドレスを格納するための変数のことをポインタといいます。ポインタには型の区別があるため、宣言するときは型を指定する必要があります。例えばchar型のポインタpを宣言するには*（アスタリスク）を使って次のように書きます。これらはどちらも同じ意味であり、どちらの方法で書いても構いません。

```
char *p;
```

または

```
char* p;
```

宣言したポインタpにaのアドレスを代入する場合は次のようにします。イメージと合わせて確認してみてください。

```
char a = 2;        ←──────── 変数aの宣言
char *p;           ←──────── ポインタpの宣言
p = &a;            ←──────── ポインタpに変数aのアドレスを代入
```

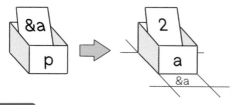

ポインタpに変数aのアドレスを代入

上のような状態を、「ポインタpは変数aを指している」といいます。

宣言の時にchar *p;と書いているので、*p = &aと書きたくなるところですが、宣言時の*はあくまでポインタであることを表しているもので変数名の一部ではありません。つまり、「アドレスを値とする変数 = ポインタ」は「p」なので、p = &aと書きます。

✔ ポインタを使った値の参照

ポインタに入っている値は変数や配列のアドレスですが、ポインタ名の前に*を付けると、そのポインタが指す場所（アドレス）に保存されている変数や配列の値を参照することができます。ここで使われる「*」はポインタを宣言するときに使った「*」とは別物なので注意してください。

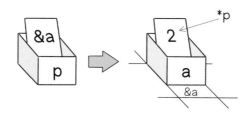

ポインタが指すアドレスに格納されている値を参照する方法

実際にプログラムを書いてみましょう。次のプログラムは、ポインタpにaのアドレス&aを代入し、さらにそのpの指す場所の値をbに代入して、それらの値を表示しています。

`リスト 06-03.c`

```c
#include <stdio.h>

int main(){
    int a = 2, b;
    int *p;      /* この*はポインタを宣言するためのもの */
    p = &a;      /* ポインタpにaの変数aのアドレスを代入(pはaを指す) */
```

```
    b = *p;      /* bにはpの指す場所の値、つまりaの値が入る   */
    printf("a=%d, b=%d¥n", a, b);
    return 0;
}
```

　結果は次のようになります。pが指しているのはaですから、*pは「aの値」ということになります。結果として、bの値はaの値と同じになります。

```
2 2
```

✓ 間違った参照とNULLポインタ

　ポインタを使用するときは、そのポインタが正しいデータを指し示しているかをよく確認するようにしましょう。

　たとえば、次のように「p = &a」などとポインタを初期化するのを忘れたまま使ってしまうと、関係のない場所を指し示すことになり、実行時エラーの原因になってしまいます。

```
int *p;
printf("%d", *p);
```

　ポインタに正当なアドレスを代入するまでは、ポインタがどこも指し示していないことを明確にしておくとよいでしょう。そんなときのために、NULLポインタというものが用意されています。NULLポインタはどの型のポインタにも格納することができ、ポインタがどこも指し示していないことを表します。

```
int *p = NULL;
```

　さらに次のようにif文を使って、ポインタが有効かどうかを調べることができます。このような条件分岐はのちに説明するメモリー確保のときなどで頻繁に使われます。

```
if(p == NULL)
    ポインタが無効な場合の処理
else
    ポインタが有効な場合の処理
```

☑ ポインタを利用したプログラムの例

それでは実際にポインタを使ったプログラムを書いてみましょう。次に紹介するのは、入力した英単語の中にaが含まれているかどうかを判別するプログラムです。

リスト 06-04.c

```
#include <stdio.h>
#include <string.h>  ←──────────── strchr()関数のために必要

int main(){
    char s[15]; /* 入力した文字 */
    char *p = NULL; /* strchr()関数の結果 */
    printf("好きな英単語を入力してください:");
    scanf("%s", s);  ←────── ユーザーの入力
    p = strchr(s, 'a');  ←────── 文字の検索
    printf("%sの中にaはありま%s¥n", s, p == NULL ? "せん" : "す");
    return 0;
}
```

このプログラムは、キーボードから入力された文字列の中に「a」が含まれるかどうかによって、「ありま『せん』」または「ありま『す』」と表示します。このプログラムの実行結果は次のようになります（太字は入力した文字）。

```
好きな英単語を入力してください:word
wordの中にaはありません

好きな英単語を入力してください:talk
talkの中にaはあります
```

新しく登場した関数があるので、それらの解説をしておきましょう。

☑ scanf()関数

scanf()関数は、キーボードから入力された文字列を2番目に指定した変数に格納するという関数です。getchar()関数などと同様に、 Enter キーを押したタイミングでプログラム側にデータが渡されます。

最初の引数には、入力される文字列の形式を指定します。ちょうどprintf()関数の逆の働きをするイメージです。2番目の引数には格納する変数のアドレスを指定します。文字列の変数は配列であり、名前をそのまま書くとアドレスになるので、scanf("%s", &s);ではなくscanf("%s", s);と書きます。なぜ引数をアドレスにする必要があるのかについては、CHAPTER7で詳しく解説します。

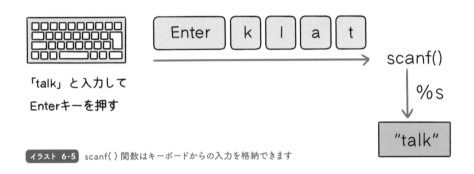

イラスト 6-5 scanf()関数はキーボードからの入力を格納できます

☑ strchr()関数

strchr()関数は、ある文字が文字列内にあるかを検索するための関数です。

最初の引数には検索対象の文字列、2番目の引数には探したい文字を指定します。文字が見つかった場合は、最初にその文字が現れた位置のアドレス（ポインタ）を返します。文字が見つからなかった場合はNULLを返します。

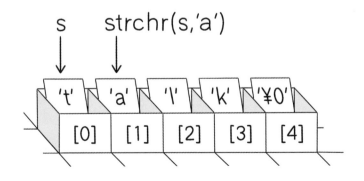

イラスト 6-6 strchr()関数は文字列内から文字を検索できます

✅ ポインタの記述方法の注意

さきほどのプログラムから、*aはa[0]と書くのと同じ、*(a+2)はa[2]と書くのと同じということになります。このとき( )を付け忘れて、*a+2と書くとa[0]の値に+2したことになってしまうので注意しましょう。それだけポインタの演算子の優先度は高く決められているということです。

CHAPTER 6

04

ポインタと配列

先に説明したとおり、配列名をそのまま書くと、その配列の先頭要素のアドレスになります。ここでは配列とポインタの関係についてもう少し詳しく見ていきましょう。

☑ ポインタと配列要素の関係

配列は先頭要素から順に連続して格納されているため、先頭要素のポインタを使って配列全体を操作することができます。例えば次の例を見てみましょう。

リスト 06-05.c

```c
#include <stdio.h>

int main(){
    int a[] = {1, 2, 3, 4};
    int *p, *q;
    p = a + 2;
    q = p - 1;
    printf("%d %d\n", *p, *q);
    return 0;
}
```

この例では、まず4つの要素をもつ配列aを用意しています。このとき、aは配列の先頭要素を指すポインタです。

次にpとqというint型のポインタを用意しています。pには配列の先頭要素を指すポインタに2を足したものを代入しています。このように書くことで、pは先頭要素から2つ先の要素、つまりa[2]を指すポインタになります。さらにqはpの値から1を引いたものです。qはpから1つ戻ってa[1]の要素を指します。

このように、ポインタに対して加算、減算をすることによって配列の要素を移動することができるのです。

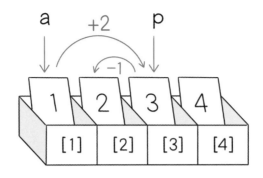

イラスト 6-7 ポインタを動かすことで、配列のそれぞれの要素を参照できます

　pはa[2]を、qはa[1]を指すポインタですから、ポインタの前に*を付けると、その場所に格納されている要素の値を表すことになります。このプログラムの実行結果は次のようになります。

3 2

✔️ ポインタの進み方

　さきほどのプログラムでa+2は、「格納されているアドレスの値に2を足す」という意味ではないということに注意してください。int型が32bit（4バイト）で表されるとき、ポインタに+1するということは、アドレスは4バイト分進むということです。a+2であれば、8バイト分進むことになります。これがたとえば、char型のポインタであれば、char型変数の大きさは1バイトなので、+1で1バイト進みます。ポインタの型によってアドレスの進み方が違うことをよく理解しておいてください。

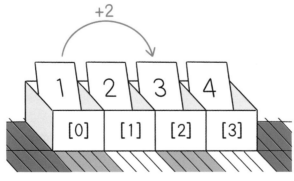

イラスト 6-8 アドレスの移動量はポインタの型によって決まります

CHAPTER 6

05

メモリーの確保

今まではプログラムを書くとき、メモリーをわざわざ用意するというようなことはしてきませんでした。しかし、要素数の多い配列を使う場合など、たくさんのメモリーを使うときは、先にメモリーを必要な分だけ確保しておき、そこにデータを保存するといった処理が必要になります。この節はそのようなメモリーの確保の仕方を見ていきましょう。

☑ 動的にメモリーを確保する

　普段意識することはありませんが、変数や配列を宣言すると、自動的にメモリー上にそれらの値を格納するための領域が確保されます。今まではこの方式だけでプログラミングしてきましたが、この方法だと不都合なこともあります。

　たとえば、画像を扱うプログラムを作りたいとします。画像にはいろいろな種類があるので、どの程度の領域を用意すればよいのかは、プログラムを作っている時点ではわかりません。多くのメモリーを用意する必要があるからといって大きな配列を作ろうとすると、プログラムがコンパイルできないという事態になってしまいます。これは、変数や配列用のメモリーである、スタック領域の大きさがあらかじめ決められているためです。スタックメモリーの大きさはコンパイラのオプションで変更することができますが、あまり大きな値を指定すると起動時に大量のメモリーを必要とするプログラムになってしまうので、よくありません。

自動的に確保され、
使い終わったら自動的に解放される

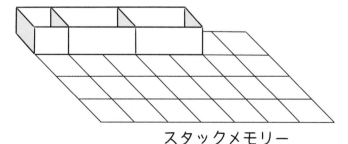

スタックメモリー

イラスト 6-9 スタックメモリー

大きなメモリーを扱いたいときは、プログラム実行中に、「プログラムの処理として」メモリーを確保する必要があります。これを動的（ダイナミック）なメモリー確保といいます。またこのとき使われるメモリー領域のことをヒープ領域といい、スタック領域よりもはるかに大きなメモリを扱うことができます。

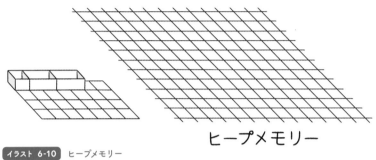

自分で確保し、
使い終わったら自分で解放する

ヒープメモリー

イラスト 6-10 ヒープメモリー

　2つのメモリー領域の特徴をまとめると次のようになります。

表6-1 メモリー領域

スタック領域	ヒープ領域
変数や配列で使われる	大きなメモリーを扱うときに使う
自動的に用意される	プログラムの処理として用意する（動的なメモリー確保）
メモリー領域は小さい	メモリー領域は大きい

✓ メモリー確保の実践

　動的なメモリー確保の手順は次のようになります。

1. ポインタを用意する
2. メモリーを確保し、用意したポインタに先頭のアドレスを格納する
3. いらなくなったら、自分でメモリーを解放する

　では実際にメモリー確保の仕方を見ていきましょう。なお、これから紹介するメモリー確保の関数を使うときは、プログラムの先頭に次の記述が必要になります。

```
#include <stdlib.h>
```

☑ 1. ポインタを用意する

メモリー確保によって用意したメモリー領域は配列と同等に扱うことができます。そこで、ポインタの型は扱いたいデータの種類に応じたものにします。ここでは例として、long型の値を2000個保存するためのメモリーを用意することにします。ポインタの宣言は次のようになります。

```
long *buf;
```

☑ 2. メモリーを確保する

メモリーを確保するときは、malloc()という関数を使います。mallocはMemory ALLOCation（メモリー確保）の略です。long型2000個分のメモリーを確保するには次のようにします。

```
buf = (long *)malloc(sizeof(long)*2000);
```

malloc()関数は、引数として確保したいメモリーのバイト数を指定します。long型のバイト数はsizeof(long)で求められるので、2000をかけたものが全体のバイト数になります。

malloc()関数の戻り値は、確保したメモリー領域の先頭アドレスを返します。もしメモリー不足などで確保できなかった場合はNULLを返します。この戻り値には型がない（void型の）ため、CHAPTER 4で解説したキャスト（明示的型変換）によって、longのポインタ型にします。

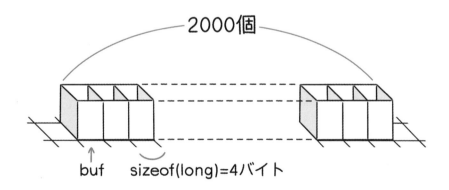

イラスト 6-11 long型2000個ぶんのメモリーを確保

このようにメモリーを確保してしまえば、あとは配列と同じように使うことができます。例えば、buf[1] = 10;と書くと、用意したメモリーの2番目の要素に10を代入することができます。

☑ 3. メモリーを解放する

確保したメモリーは、使い終わったら、プログラマが責任をもって解放しなくてはいけません。もし解放しないと、そのメモリーはずっと再利用されないまま残ることになり、メモリーが足りなくなるということになりかねません。

メモリーを解放するときはfree()関数を使います。引数には、解放するメモリーの先頭アドレスを指定します。

```
free(buf);
```

☑ メモリー確保のまとめ

まとめると、メモリー確保のプログラムの基本形は次のようになります。メモリーが確保できなかったときのために、if文でNULLかどうかを判定しています。free()関数によるメモリー解放もメモリーを確保できたときのみ行います。

`リスト 06-06.c`

```c
#include <stdlib.h>

int main(){
    long *buf;
    buf = (long *)malloc(sizeof(long)*2000);
    if(buf != NULL) {
        /* (確保したメモリーを利用する処理) */
        free(buf);
    }
    return 0;
}
```

☑ メモリー確保関係の関数

malloc()関数の代わりに、次のような関数を使うこともできます。

☑ calloc()関数

calloc()関数は、メモリーを確保すると同時に、要素をすべて0に初期化します。malloc()関数とは少し記述の仕方が違い、第1引数に要素の個数、第2引数に要素1個分のメモリーサイズを指定します。たとえばint型のメモリーを20個分確保するには次のように書きます。

```c
buf1 = (int *)calloc(20, sizeof(int));
```

☑ realloc()関数

realloc()関数は、一度確保したメモリーを異なるサイズで確保しなおすための関数です。第1引数にはmalloc()関数などですでに確保済みのメモリー領域の先頭アドレスを指定し、第2引数に確保しなおすメモリーの総バイト数を指定します。すでに確保したメモリーをlong型100個分で確保しなおすときは、次のようにします。

```
buf = (long *)realloc(buf, sizeof(long)*100);
```

このとき、新たに確保されるメモリー領域の場所は元の場所（bufのアドレス）とは変わってしまうことがあるので注意してください（変わらないこともあります）。その場合でもメモリーの中身は新しい場所にコピーされるので、その点は気にする必要はありません。

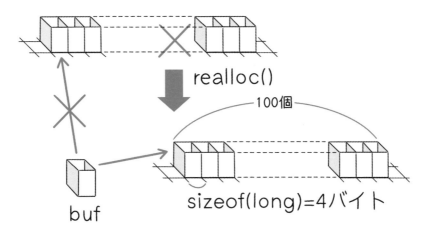

イラスト 6-12 realloc()関数の動作

---

sizeof()の引数にポインタを指定する

sizeof()は変数などがメモリーに占めるバイト数を求めるものでした。sizeof(変数名)やsizeof(型)とすると、変数や型が何バイトで表されているかを調べることができます。同様にsizeof(配列名)とすれば、配列全体のバイト数を求めることができます。
それではsizeof(ポインタ名)のように書くとどのような値になるでしょうか。確保したメモリーの先頭アドレスをポインタに格納しておけば、配列と同じように扱えるので、答えは「確保したメモリーの大きさ」と思われるかもしれませんが、そうではなく、「ポインタ変数そのもののメモリーサイズ」を返します。
配列と確保したメモリーが混在するようなプログラムでは特に注意しましょう。

✔ メモリー操作関数

ここからは確保したメモリーの内容を操作するときに便利な関数を紹介します。なお、これらの関数を使うときは、プログラムの先頭に次の記述が必要になります。

```
#include <string.h>
```

✔ memset()関数

memset()関数はメモリーの内容を指定した値で初期化する関数です。メモリー領域bufの8バイト分を0で初期化するときは、次のように書きます。

```
memset(buf, 0, 8);
```

次の例は、memset()関数を使った初期化の例です。

リスト 06-07.c
```
#include <stdio.h>
#include <string.h>

int main(){
    char buf[] = {1, 2, 3, 4, 5};
    memset(buf, 0, 3);
    for(int i = 0; i < 5; i++){
        printf("%d ", buf[i]);
    }
    return 0;
}
```

このプログラムは、memset()関数でchar型配列bufのメモリーの3バイト分を0に設定します。char型のサイズは1バイトなので、配列の要素は1バイトごとに保存されています。ですので、3バイト分書き換えた場合、先頭から3要素分が0に書き換わります。結果は次のようになります。

```
0 0 0 4 5
```

✔ memcpy()関数

memcpy()関数はメモリーの内容を別の場所にコピーする関数です。たとえばメモリー領域srcの8バイト分のデータをメモリー領域dstにコピーするには、次のようにします。

```
memcpy(dst, src, 8);
```

次の例は、memcpy()関数を使ったプログラムの例です。

リスト 06-08.c
```c
#include <stdio.h>
#include <stdlib.h>
#include <string.h>

int main(){
    char *a;
    char b[] = {1, 2, 3, 4, 5};
    a = (char *)calloc(10, sizeof(char));
    if(a != NULL) {
        memcpy(a, b, sizeof(char) * 5);
        for(int i = 0; i < 10; i++){
            printf("%d ", a[i]);
        }
        free(a);
    }
    return 0;
}
```

上のプログラムはこの章で紹介した関数をいろいろ組み合わせています。1つずつ見ていきましょう。

まず、calloc()関数を使ってchar型10個分のメモリーを確保し、あらかじめ用意していたポインタaに先頭アドレスを格納します。このとき、確保したメモリーの要素はすべて0で初期化されます。

メモリーを確保できたら次に進みます。確保したメモリー領域に、memcpy()関数を使って配列bの内容5バイト分をコピーします。これにより、確保したメモリーのうち、前の要素5個分の内容が配列bと同じになります。残りの5個分は0で初期化されたままになります。

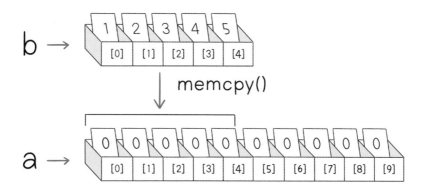

イラスト 6-13 memcopy()関数の動作

最後にfor文を使って確保したメモリーの要素を1つずつ表示しています。結果は次のようになります。

```
1 2 3 4 5 0 0 0 0 0
```

strcpy()とmemcpy()

メモリーの内容を別の場所にコピーするという意味では、文字列のところで紹介したstrcpy()関数もmemcpy()関数に似ています。ただし、前者は先頭から始めて値が'¥0'になるまでをコピーするのに対し、後者は指定したバイト数分コピーするところが異なります。文字列データをmemcp()でコピーするときは、最後の'¥0'も考慮したプログラミングが必要になります。

≫ まとめ

✔ メモリーには1バイトごとにアドレスが割り振られており、変数や配列はそのメモリー上に配置されています。このメモリー領域をスタックメモリーといいます

✔ 大きなサイズやあらかじめサイズがわかっていないデータを格納する場合は、自分で必要な分だけメモリーを確保します。このメモリー領域をヒープメモリーといいます

✔ ポインタはアドレスを値とする変数です。ポインタを宣言するときはint *p;などのようにアスタリスクを付けて宣言します

✔ 変数の前に&を付けると、変数のアドレスを表します。ただし、配列は配列名そのものがアドレスを表します

✔ ポインタの前に*を付けると、ポインタが格納されている場所の変数の値を表します

✔ ポインタに何も入っていないことを表したいときはNULLを代入します。

✔ ポインタは加算・減算することでその型の分だけメモリー上を移動させることができます

✔ malloc()関数等でメモリーを確保したときは、戻り値がポインタとして返ってきます。確保したメモリーは配列と同等に扱うことができます。利用し終わったメモリーはfree()で解放します

A 次のa,b,c,dの4つの変数があります。これらの変数のアドレスを格納するための
ポインタpa, pb, pc, pdをそれぞれa, b, c, dのアドレスで宣言・初期化するコー
ドを答えてください。

```
int a = 1;
float b = 1.3;
char c = 'C';
char d[ ] = "D";
```

B 次のコードはbufの4番目（インデックス3）の要素と、aの値を表示するプログラム
を抜粋したものですが、下線の部分に間違いがあります。正しい文に修正してく
ださい。

```
long buf[] = {7, 8, 3, 6, 7, 4, 5, 6, 6};
long a = 283;
long *p, *q;
p = *buf + 3; ［ア］
q = *a; ［イ］
printf("%d %d¥n", *p, *q)
```

C 次の左側のプログラムは「Hello」という文字列を1文字ずつ表示するプログラム
です。この一部を、ポインタを使って書きなおしたのが右のコードです。
ア〜エに当てはまるコードを答えてください。

```
#include <stdio.h>
int main(){
    char s[] = "Hello";

    int i = 0;
    while(s[i] != '¥0') {
        printf("%c¥n", s[i]);
      i++;
    }

    return 0;
}
```

```
char *p = ［ ア ］;
while(［ イ ］ != '¥0') {
    printf("%c¥n",［ ウ ］);
    ［ エ ］;
}
```

D 次のプログラムはア～オで指定した個数分メモリーを確保し、7の倍数を順に格納するプログラムです。当てはまるコードをコメントの内容をヒントにして答えてください。

```c
#include <stdio.h>
#include <stdlib.h>
int main() {
    const int num = 200;
    short *buf, *p;
    int i;

    buf =  ア  malloc(   イ   ); /* num個分用意する */
    p = buf;
    if(buf) {
        for(i = 1; i <= num; i++) {
             ウ   = i * 7; /* pの場所にiの7倍の値を代入する */
            printf("%d ", *p);
             エ ; /* ポインタを1つ進める */
        }
        printf("\n");
         オ ; /*確保したメモリーを解放*/
    }
    return 0;
}
```

CHAPTER

7 » 関数を使ってみる

プログラミングでいうところの関数とは
「一連の処理の集まり」のことです。
複雑な処理や何度も使う処理を関数としてまとめる
ことで、何度も同じ処理を記述することなく、
使いたいときに呼び出して実行できます。
今までいくつかの関数を使ってきましたが、
それらはC言語があらかじめ用意しているものでした。
この章では、関数を自分で作っていきます。
最初は複雑で面倒だと思うかもしれませんが、
関数を作れるようになることは、実践的なプログラミングへの
第一歩です。ゆっくり確実に内容を理解しましょう。

これから学ぶこと

✔ 関数の定義方法、引数、戻り値について学びます

✔ return文による戻り値の指定と関数の終了について学びます

✔ 仮引数と実引数について知ります。値渡しと参照渡しについて理解します

✔ ローカル変数と変数の有効範囲について知ります

✔ main()関数でコマンドライン引数を利用する方法について学びます

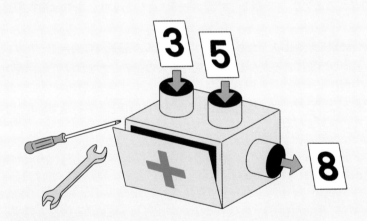

イラスト 7-1 ※関数はブラックボックスのようなものです

何かを入れると何かが出てくる箱をブラックボックスと呼ぶことがありますが、その中身を自分で作っていくようなイメージです。

関数を定義して
呼び出す

この節では、実際に自分で関数を作って、それを呼び出す方法を見ていきます。
関数を作ることを、関数を定義するといいます。

✔ 関数の仕組み

章の冒頭で述べたように、関数とは一連の処理の集まりです。

関数には呼び出す際に値を与えることができ、この値によって関数の処理する内容を変えることができます。この与える値のことを 引数（パラメータ）といいます。引数は複数指定することができます。

また、関数は実行結果を吐き出すことができます。実行結果は計算の結果だったり、正しく処理が完了したことを表すフラグであったりします。実行結果の値のことを戻り値(返り値)といいます。吐き出せる戻り値の数は1つです。

まとめると、関数とはプログラマが与えた値を指示通りに処理し、実行結果を吐き出す箱のようなもので、次のようなパターンがあります。

イラスト 7-2 関数は引数と戻り値を取ることができます

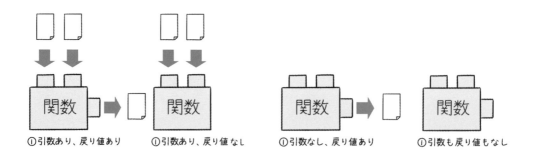

①引数あり、戻り値あり　　①引数あり、戻り値なし　　①引数なし、戻り値あり　　①引数も戻り値もなし

イラスト7-2で紹介した4パターンについて、具体的な関数定義と呼び出しの例を見てみましょう。

✔ 引数あり、戻り値あり

2つの整数の和を求める関数を作るとします。この関数の名前をaddnumとすると、この関数の定義は次のようになります。

```
[戻り値の型] [関数名] [引数]
int addnum(int a, int b)
{
    int x;
    x = a + b;
    return x;
}
        [戻り値]
```

まず1行目のint addnum(int a, int b)という部分についてですが、最初のintは戻り値の型を宣言しています。この関数は、2つの整数の和を求める関数なので、戻り値もint型になります。addnumというのが 関数名 であり、それに続く( )内で引数の型と変数名を列挙していきます。今回は、int型のaという変数と、同じくint型のbという変数を引数としています。

このように関数の仕様を記述したら、そのあとの{ }内に実際に行う処理を書いていきます。int型のxという変数に、引数であるaとbを足した値を代入しています。

そして最後にreturn文を使って戻り値を返しています。return文は関数を終了するとともに、あとに続く値を返すものです。今回はさきほど計算したxを戻り値としています。

return文で指定する戻り値には、計算式を指定することもできます。そのため、addnum()関数は次のようにも書き換えられます。

```
int addnum(int a, int b)
{
    return a + b;
}
```

この関数を呼び出すには、次のように書きます。nの値は5になります。

```
int n;
n = addnum(2, 3);
```

141

☑ 引数あり、戻り値なし

戻り値をもたない関数を見ていきましょう。例えば、引数の値を表示するだけの関数は次のようになります。

```
void dispnum(int a)
{
    printf("引数の値は%d¥n", a);
}
```

さきほどのaddnum()関数と比較すると、戻り値の型がvoidになっています。voidは「空の」という意味で、「戻り値がない」ことを示します。また、戻り値がないときは、return文で戻り値を指定する必要はありません。

この関数を呼び出すには、次のように書きます。これを実行すると、「引数の値は5」と表示されます。

```
dispnum(5);
```

☑ 引数なし、戻り値あり

引数をもたない関数を見ていきましょう。このパターンは返す値が引数によらない場合に使われます。例えば、現在の日時を表す文字列を得る関数は次のようになります。

```
char * getdatestr()
{
    time_t t;
    t = time(NULL);
    return ctime(&t);
}
```

ここでtime()関数は現在日時をtime_tという型で返す関数です（引数は通常NULL）。次のctime()関数は引数にtime()関数で得られた値のポインタを指定することで、日時の文字列（例：Wed Apr 14 15:04:03 2021）を返す関数です。なお、これらの関数を使うにはプログラムの先頭に「#include <time.h>」を追加する必要があります。

引数がない場合は、関数名の後ろの( )の中身は書かなくても構いません（( )の中にvoidと書いておくことも可能です）。また、今回は戻り値が文字列になりますが、このような場合戻り値の型はcharのポインタ型にします。得られた文字列の本体はメモリー上にあって、その先頭要素を指すポインタだけを返すイメージです。

この関数を呼び出すには、次のように書きます。受け取る方もポインタだけ受け取ればOKです。

```
char *s = getdatestr();
printf("%s", s);
```

　なお、ここまで何度も登場してきたmain()関数も引数がなく、戻り値がintなので、この「引数なし、戻り値あり」のパターンに当てはまります。

☑ 引数も戻り値もなし

　最後に引数も戻り値もない関数を見ていきましょう。今回は「Hello World」と表示するだけの関数を考えます。

```
void disphello()
{
    printf("Hello World¥n");
}
```

　この関数の場合、引数も戻り値もないので、引数は省略、戻り値はvoidで宣言しています。また、return文も省略しています。
　この関数を呼び出すには、次のように書きます。

```
disphello();
```

標準ライブラリ関数

今まで使ってきたprintf()関数や、getchar()関数などは、C言語にあらかじめ用意されている関数です。このような関数のことを**標準ライブラリ関数**と呼びます。標準ライブラリ関数はプログラムの先頭で「#include <stdio.h>」のように書いておくだけで利用することができます。stdio.hはヘッダファイルというテキストファイルであり、すでに見てきたように、関数によってどのヘッダファイルが必要かはあらかじめ決まっています。

✔ 関数を使ったプログラムの例

　ここまでは関数のパターンを中心に見てきましたが、実際に関数を使ったプログラムを書いてみましょう。

リスト 07-01.c

```c
#include <stdio.h>
int calcnum(int a, int b, int c)
{
    return a * b + c;
}

int main()
{
    int n;
    n = calcnum(2, 3, 4);
    printf("結果は%d¥n", n);
    n = calcnum(4, 3, 2);
    printf("結果は%d¥n", n);
    return 0;
}
```

　上のプログラムは、3つの整数a、b、cについて、a×b＋cを計算する関数の例です。calcnum()関数を一度定義しておけば、何度でも呼び出すことができるので、見た目がすっきりしますし、関数に適切な名前を付けることで、プログラムの内容がわかりやすくなるというメリットもあります。

　ここで注意してもらいたいのは関数の定義の場所です。calcnum()関数の呼び出しがある、main()関数よりも前に書かれています。じつはC言語のコンパイラは、上から下へと順番にコードを見ていきます。そのため、関数を使うときはその前に定義しておかなくてはいけないというルー

ルがあるのです。

☑ プロトタイプ宣言

どうしても呼び出しの方を定義よりも前に書きたいときは、プロトタイプ宣言というものを前もって書いておきます。

プロトタイプ宣言とは、関数の形式にあたる部分だけを抜き出したもので、さきほどのcalcnum()関数を例にすると、実際には次のように書きます。引数は型だけ書いておけば、実際の引数名は必要ありません。また最後にセミコロンが必要になるので、忘れないでください。

```
int calcnum(int , int, int);
```

さきほどのプログラムで、プロトタイプを使って関数の定義の順番を変えてみると、次のようになります。

リスト 07-02.c

```
#include <stdio.h>
int calcnum(int , int, int); /* プロトタイプ宣言 */

int main()
{
    int n;
    n = calcnum(2, 3, 4);
    printf("結果は%d¥n", n);
    n = calcnum(4, 3, 2);
    printf("結果は%d¥n", n);
    return 0;
}
int calcnum(int a, int b, int c)
{
    return a * b + c;
}
```

☑ return文による関数脱出

関数の戻り値を指定するために使われるretrun文は、関数を途中で抜けるのにも使われます。次は引数が偶数か奇数かを表示する関数の例です。

リスト 07-03.c

```c
#include <stdio.h>
void checknum(int n)
{
    if(n % 2 == 0) {
        printf("%dは偶数¥n", n);
        return; /* 関数を抜ける */
    }
    printf("%dは奇数¥n", n);
}

int main(){
    checknum(3);
    checknum(4);
    return 0;
}
```

　if文でnが偶数（2で割った余りが0）の場合は、return文が実行され、その時点で関数を抜けます。その結果、if文のあとの「printf("%dは奇数¥n", n)」は実行されません。この例ではあまりメリットは感じられないかもしれませんが、プログラムによってはreturn文によって関数をすっきりさせられきます。

　なお、上の例では戻り値がないので、最後のreturn文を省略していますが、引数がある関数の場合は、すべての分岐でreturn文による戻り値の指定が必要になります。

引数の
値の渡し方

ここまでいろいろな自作関数の使い方を見てきたわけですが、いずれも数値を引数としていました。この節では「アドレス」を引数とする関数について見ていきましょう。

☑ 実引数と仮引数

　関数を使う際、定義側と呼び出し側の両方で引数を指定しますが、C言語ではこの2つを区別しており、定義側を仮引数、呼び出し側を実引数といいます。

　関数を呼び出すと、実引数から仮引数へと値がコピーされます。この仮引数は、実引数と値は同じになりますが、関数の中だけで使える別の変数として扱われます。

定義側

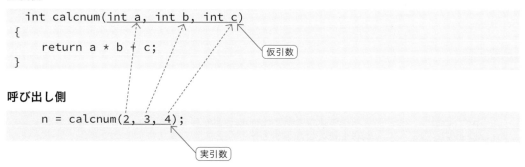

```
  int calcnum(int a, int b, int c)
{
    return a * b + c;        仮引数
}
```

呼び出し側

```
    n = calcnum(2, 3, 4);
```

実引数

☑ 値渡しと参照渡し

　引数の値の受け渡しは呼び出し側から定義側への一方通行です。値を呼び出し側に反映させたいときは、戻り値を使います。それでは複数の値を呼び出し側に反映させたいときはどうすればよいでしょうか。先に述べたように仮引数は実引数とは別の変数ですので、仮引数の変数の値を変更しても呼び出し側に反映させることはできません。

そこで、引数としてアドレスを渡す ことを考えてみます。アドレスを渡すことで、呼び出し側の変数の場所を定義側でも参照できるようになり、値の変更が可能になります。このような引数の渡し方を「参照渡し」といいます。それに対し、通常の引数の渡し方のことを「値渡し」と呼びます。

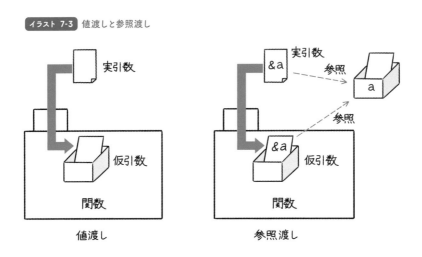

イラスト 7-3 値渡しと参照渡し

✔ 参照渡しの例

それでは実際に参照渡しを使った例を見てみましょう。次のコードは2つの変数の値を入れ替える関数をもつプログラムです。

リスト 07-04.c

```c
#include <stdio.h>
void swapval(int *x, int *y)
{
    int temp = *x;   /* 一時的にxの値をtempに退避させておく  */
    *x = *y; /*  xにyの値を代入する  */
    *y = temp;   /* 退避させておいた値をyに代入する  */
    printf("仮引数xのアドレスは%x、yのアドレスは%x¥n", x, y);
}

int main()
{
    int a = 5, b = 10;
    printf("実引数aのアドレスは%x、bのアドレスは%x¥n", &a, &b);
    swapval(&a, &b);
    printf("aの値は%d、bの値は%d¥n", a, b);
    return 0;
}
```

このプログラムを実行すると次のような結果になります。アドレスの部分は実行環境によって異なります。

```
実引数aのアドレスはffffcc3c、bのアドレスはffffcc38
仮引数xのアドレスはffffcc3c、yのアドレスはffffcc38
aの値は10、bの値は5
```

実引数と仮引数に格納されているアドレスが同じなので、どちらも同じ変数を指していることがわかります。これにより、関数内で仮引数の参照先の値を入れ替えると、呼び出し側の値も入れ替わります。

☑ 参照渡しと配列

配列名は配列の先頭アドレスになるので、配列を引数として関数を呼び出すと、必然的に参照渡しになります。次のプログラムは、配列を引数として関数を呼び出し、その総和を求めるものです。

リスト 07-05.c

```c
#include <stdio.h>
int sum(int *data, int len)
{
    int x = 0;
    int i;
    for(int i = 0; i < len; i++) {
        x += data[i];
    }
    return x;
}

int main()
{
    int a[] = {1, 2, 3, 4, 5};
    printf("配列の総和は%d\n", sum(a, 5));
    return 0;
}
```

実引数aは配列の先頭アドレスを表しており、これを仮引数のdataが受け取っています。配列の各要素を参照するときはdataに添字を付けて配列全体にアクセスしています。

この例では数値の配列を扱っていますが、文字列も文字の配列なので、同様の方法で引数を指定することができます。文字列の場合は、関数の引数の型は「char *」を指定します。

プログラムの組み立て方

関数を使えるようになると、プログラムの構成にもいろいろバリエーションが出てきます。たとえばあるプログラムで、計算処理を行う処理とその結果を表示する処理をそれぞれ2つの関数にまとめることを考えてみます。よくプログラミング初心者がやりがちなのが、次のような関数の使い方です。

しかし、このように紙芝居のようなつくりにしてしまうと、プログラムが長くなったとき、いったいどこまでプログラムが続くのか見通しが大変悪くなります。また、呼び出し元のローカル変数メモリー（スタックメモリー）がいつまでも解放されないので、メモリー消費量的にもよくありません。
普通は次のような構成にします。

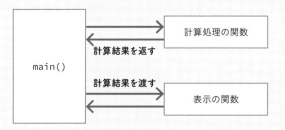

このようにすることで、main()関数を見れば、計算処理の次に表示の処理が行われることが一目でわかるようになります。関数のまとめ方（名前の付け方も含む）はその人のセンスが出る部分ですが、よく整理されたプログラムはあとから見ても、また誰から見てもわかりやすいものです。これからのプログラミングではこのあたりのことも気を付けてみてください。

変数のスコープ

変数には、宣言した場所によって有効範囲が異なるという特性があります。この変数の有効範囲のことを、変数のスコープといいます。この節では、変数のスコープの仕組みについて見ていきます。

☑ ローカル変数とグローバル変数

main()関数や自作関数など、ある関数の中で宣言した変数のことをローカル変数といいます。今まで使ってきた変数もすべて関数の中で宣言したものなので、ローカル変数にあたります。ローカル変数は、変数を宣言した関数内でしか参照できません。

例えば、次のようなプログラムではyはfunc()関数のローカル変数なので、func()以外では参照できません。同様にxはmain()関数の中だけで有効です。

```
void func()
{
    int y;              ─ yのスコープ
    ...
}
int main()
{
    int x;
    x = 3;              ─ xのスコープ
    y = 5; ←── エラー
    ...
}
```

一方、関数の外で宣言した変数のことをグローバル変数 といいます。グローバル変数は、変数の宣言以降に定義したすべての関数から参照することができます。次のプログラムの場合、zは関数の外で宣言しているため、zのスコープは宣言以降のすべての範囲になります。そのため、func()関数でもmain()関数でも参照することができます。

```
int z;
void func()
{
    int y;
    z = 2;    ←── OK          ┐ yのスコープ    ┐
    ...                        ┘               │
}                                              │ zのスコープ
int main()                                     │
{                                              │
    int x;                     ┐ xのスコープ   │
    z = 3;    ←── OK          │               │
    ...                        ┘               ┘
}
```

　もし、グローバル変数と同じ名前のローカル変数がある場合は、ローカル変数が優先されます。また、別の関数にある同じ名前のローカル変数どうしは別の変数とみなされます。実際にこれらの仕組みを理解するために、次のプログラムを実行してみましょう。

リスト 07-06.c

```
#include <stdio.h>
int y;
int z;
void func(int a)
{
    int x, z;
    x = a; /* このxはfunc()関数のローカル変数 */
    y = a; /* yはグローバル変数 */
    z = a; /* zはfunc()関数のローカル変数 */
}

int main()
{
    int x;
    x = 1; /* このxはmain()関数のローカル変数(func()関数のxとは別) */
    y = 1; /* yはグローバル変数 */
    z = 1; /* zはグローバル変数 */
    printf("x=%d, y=%d, z=%d¥n", x, y, z);
    func(5);
    printf("x=%d, y=%d, z=%d¥n", x, y, z);
    return 0;
}
```

　実行結果は次のようになります。main()関数からプログラムが始まり、まず、x、y、zが1に初期化されます。func()関数の中ではx、y、zに5が代入されますが、main()関数に反映されるのは、グローバル変数であるyだけになります。プログラム中の注釈を参考にして、変数のスコープをしっかりと理解しておきましょう。

```
x=1, y=1, z=1
x=1, y=5, z=1
```

ローカル変数利用のすすめ

プログラム初心者の方は、引数は全部グローバル変数にして、引数や戻り値を使わない方がラクだ、と考えることもあるようです。確かに細かいことを考えずに済むかもしれませんが、グローバル変数では変数を別の場所で思いがけず変更してしまうことがあるかもしれません。また、関数の中だけで使う変数はローカル変数にして、入力（引数）と出力（戻り値）をはっきりさせておいた方が、関数の意味が明確になり、結果的に混乱がなくて済みます。引数や戻り値について理解し、効率よく見通しのよいプログラムを作れるようになりましょう。

main()関数

関数について見てきましたが、ここでは、これまでずっと使ってきたmain()関数について解説します。main()関数は、プログラム実行の起点(エントリポイント)となる特別な関数です。C言語の実行可能なプログラムには、必ずmain()関数が1つあります。

✔ main()関数の戻り値

今までmain()関数をint main()と書いていましたが、main()関数の戻り値はプログラムがどのように終わったのかをOSに伝えるために使われるということはCHAPTER1で学びました。プログラムが正常終了したときは、戻り値の値は0にするというルールになっています。

戻り値は次のように省略することもできます。戻り値を指定しない場合は、末尾のreturn文は省略できます。

```
main()
{
    ...
}
```

または

```
void main()
{
    ...
}
```

✔ main()関数の引数

今までmain()関数の引数は何も指定してきませんでしたが、これは省略形になります。引数を指定すればコマンドライン引数を取得することができるようになります。

☑ コマンドライン引数

MSYS 2などのコマンドライン環境で、コマンドに渡す引数のことを、コマンドライン引数といいます。コンパイルのときには「gcc -o HelloWorld HelloWorld.c」のようにしていましたが、この「-o」、「HelloWorld」、「HelloWorld.c」といったものがコマンドライン引数になります。

☑ コマンドライン引数の取得

main()関数で引数を指定すれば、コマンドライン引数を受け取ることができます。引数は次のような書式で記述します。

```
int main(int argc, char *argv[]){
    ...
}
```

引数は整数型のargcと、「文字型のポインタ」の配列argvになります。難しそうな雰囲気ですが、ここは図で説明してみましょう。たとえば、HelloWorldという実行プログラムがあったとき、「./HelloWorld abc 123 456」というコマンドラインを入力すると、argcとargvは次のようになります。

イラスト 7-4 コマンドライン引数の状態

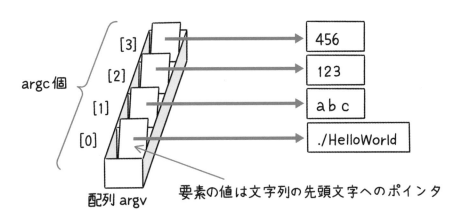

配列には各引数の文字列へのポインタが格納されています。最初の要素はプログラムファイルのパスの文字列へのポインタになります。2番目以降が各引数の文字列へのポインタになります。
argcは配列argvの要素数であり、コマンドライン引数の数にプログラムファイルへのパス分の1を加えたものになります。

☑ コマンドライン引数の取得の例

argvは配列ですから、各要素はarg[0]、arg[1]、・・・として参照できます。実際にプログラムで検証してみましょう。次はargvの要素を順番に表示する単純なプログラムです。

リスト 07-07.c

```c
#include <stdio.h>

int main(int argc, char *argv[])
{
    int i;
    for(i = 0; i < argc; i++){        // argvの要素数
        printf("%d:%s¥n", i, argv[i]);  // コマンドライン引数
    }
}
```

プログラムを実行する際、今まではそのファイル名だけを入力していましたが、今回はコマンドライン引数を指定しなくてはいけません。上のプログラムをコンパイルしてできた実行ファイルの名前がa.exeであったとき、MSYS2のコマンドラインには、たとえば次のように入力します。

```
./a.exe red blue
```

すると、実行結果は以下のようになります。

```
0:./a.exe
1:red
2:blue
```

☑ atoi()関数

コマンドラインを利用するにあたって、argvから得られるのは文字のポインタ「=文字列」です。たとえば、さきほどのプログラムを実行するときに、「./a.exe red blue 10」と入力すると、この「10」は10という整数としてではなく、"10"という文字列として処理されます。

コマンドライン引数から得られた文字列を数値として扱いたい場合は、atoi()関数を使って数値に変換します。atoi関数は、文字列を引数とし、その整数表現を戻り値とする関数です。整数に変換できない場合、0を返します。

次にその利用例を挙げます。 なお、atoi()関数を使うときは、 プログラムの先頭に「#include <stdlib.h>」と書かなくてはいけません。

リスト 07-08.c

```c
#include <stdio.h>
#include <stdlib.h>

int main(int argc, char *argv[]){
    int i;
    int sum = 0;
    for(i = 1; i < argc; i++){
        printf("%s", argv[i]);
        sum += atoi(argv[i]);
        if(i != argc-1)
            printf(" + ");
    }
    printf(" = %d\n", sum);
}
```

最初の要素はプログラム名なので1から始める

引数を改行しないで表示

コマンドライン引数を整数に変換

最後の回を除き「+」を表示

このプログラムは、コマンドライン引数の文字列を数値に変換し、その総和を求めるというものです。たとえば次のように入力したとします。

```
./a.out 1 2 3 4 5
```

この実行結果は次のようになります。

```
1 + 2 + 3 + 4 + 5 = 15
```

文字列の他の型への変換

atoi()関数は「a to i」という意味で、「a」は文字列を「i」は整数（Integer/int）を表しています。「to」は「go to」などで使う英単語のtoなので、文字通り「atoi」は「文字列から整数へ」という意味です。このバリエーションとして、long型に変換するatol()関数や浮動小数点型に変換するatof()関数も存在します。

ところで、atoi()関数では、"0"を変換したときと、エラーになったときの違いが判別できずに困ることがあります。その場合は、高機能版であるstrtol()関数を使います。strtol()関数には3つの引数があり、それぞれ、「変換する文字列」、「変換できなかったときの文字位置を受け取るためのポインタのアドレス」、「基数（何進法表記なのか、0なら自動認識）」を指定します。たとえば、文字列sが10進数表記であり、この変換結果をnに代入するときは、「char *p; n = strtol(s, &p, 10);」のようにします。sにイレギュラーな文字があり、すべて変換できなかったときは、戻り値は変換できたところまでとなり、pにはsの中で変換できなかった最初の文字へのポインタが入ります。すべて数値に変換できたときは、pはNULLになります。

sprint()関数

atoi()関数とは逆に数値を文字列に変換するときは、sprintf()関数が便利です。sprintf()関数は、printfに文字列を表すsが付いていることからわかるとおり、結果を画面に表示する代わりに文字配列に格納します。使い方も、第1引数が結果を格納する文字列になる以外はprintf()関数とまったく同じです。

たとえば、整数nを文字列に変換した結果を文字列sに格納する場合は、sprintf(s, "%d", n);とします。

✓ 関数とは、一連の処理の集まりで、呼び出して使うことができます。関数には引数を渡すことができ、それにより関数の処理の内容を変更できます。引数は複数指定できます。引数なしでも構いません

✓ 関数内での引数を仮引数、呼び出し元での引数を実引数といいます

✓ 関数の実行結果として1つだけ戻り値を受け取ることができます。関数内ではreturn文を使って戻り値を呼び出し元に返すことができます。またreturn文は関数の実行を途中で終了するのにも使われます。戻り値がないときは、関数の定義でvoidを指定します

✓ 引数の渡し方には値渡しと参照渡しがあります。参照渡しを使うと、関数内における引数の変更を呼び出し元に反映できます

✓ 関数の中で定義した変数をローカル変数といい、関数の中だけで有効になります。それに対し、関数の外で定義された変数をグローバル変数といいます。両者ではローカル変数の方が優先されます

✓ main()関数はプログラム実行の起点となる特別な関数です。main()関数の引数として、(実行プログラム名を含めた)コマンドライン引数の数を表すargcと、コマンドライン文字列を指すポインタの配列であるargvを利用できます

A 引数に関する次の説明について、空欄ア～エに当てはまるものをa)～d)から選んでください。

関数の引数には、関数に渡す　　ア　　と関数側でその値を受け取る　　イ　　があります。関数内で　　イ　　の値を変更しても、呼び出し元には反映されません。

　　ア　　として変数へのアドレスを渡し、　　イ　　をポインタで受け取ることで、共通の変数を参照し、値を変更することができます。これを　　ウ　　といいます。それに対し、通常の受け渡しを　　エ　　といいます。

a) 仮引数　　b) 実引数　　c) 値渡し　　d) 参照渡し

B 次のプログラムは第1引数で指定した個数分のメモリーを確保し、そのメモリー領域の先頭ポインタを返す関数の定義部分です。失敗した場合はその理由を第2引数のsにセットし、NULLを返します。
ア～ウに当てはまるコードを答えてください。

```
  ア   *getmem(  イ  ,   ウ  )
{
    char *p;
    p = (char *)malloc(n);
    if(p == NULL) {
        if(s != NULL)
            strcpy(s, "メモリーの確保に失敗しました");
        return NULL;
    }
    return p;
}
```

C 次のプログラムを実行したときに、表示される内容として正しいものを[ア]〜[エ]の中から選んでください。

```c
#include <stdio.h>
int x = 1;
void func1()
{
    printf("%d ", x);
}
void func2(int x)
{
    printf("%d ", x);
}
int func3(int x)
{
    return x + 1;
}
int main()
{
    int x = 2;
    func1();
    func2(x);
    printf("%d\n", func3(x));
    return 0;
}
```

[ア] 1 2 3
[イ] 2 1 3
[ウ] 3 1 2
[エ] 2 3 1

D 次のプログラムは2つのコマンドライン引数の和を表示するプログラムです。ア〜エの空欄には数字が入りますが、その数字を答えてください。

```c
#include <stdio.h>
#include <stdlib.h>
int main(int argc, char *argv[]){
    int sum = 0;
    if(argc != [ ア ]) {
        printf("引数として整数を2つ指定してください\n");
        return 1;
    }
    sum = atoi(argv[ イ ]) + atoi(argv[ ウ ]);
    printf("%d\n", sum);
    return 0;
}
```

CHAPTER

8 » 構造体を利用する

この章では、構造体というものについて見ていきます。構造体とは何か、使うためにはどのようにしなくてはいけないか、そして、実際にどのように活用していけばいいのかを学んでいきましょう。
構造体は配列と同じく、データの格納方法の一種なのですが、このようなケースではポインタを組み合わせて使うことが重要になるので、そのあたりも紹介します。
ポインタについて不安がある人はCHAPTER 6を復習しておくとよいでしょう。

これから学ぶこと

✔ 構造体とはどのようなものか、定義の方法を学びます

✔ 構造体のメンバへのアクセスの方法について学びます

✔ ポインタからの構造体メンバへのアクセスの方法について学びます

✔ 構造体を配列にしたときの例を見ていきます

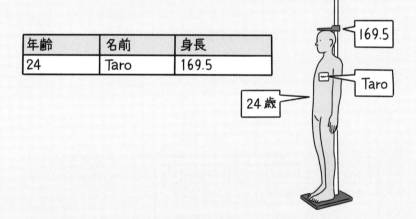

年齢	名前	身長
24	Taro	169.5

イラスト 8-1　構造体を使えば、より高度なデータ格納もできます

構造体は表計算ソフトの1行分のようなものと考えてもよいでしょう。それぞれの列に名前がついていて、いろいろな型の値を入れることができます。

構造体とは

この節では、構造体とは何か、構造体を使うための宣言の仕方はどうすればよいのかについて見ていきます。

✔ 構造体

　構造体とは、複数の型の変数をひとまとめにしたものです。イメージとしては配列に近いのですが、配列は同じ型の変数をまとめたものであるのに対し、構造体は異なる型の変数をひとまとめにしたものになります。構造体によってまとめられた要素1つ1つを構造体のメンバといいます。なお、変数をまとめると書きましたが、配列や文字列を含めることもできます。

イラスト 8-2 構造体には、異なる型の変数を格納できます

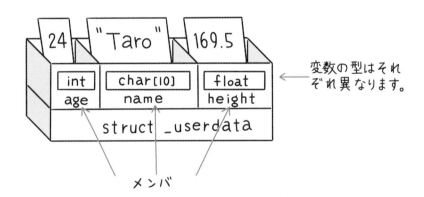

✔ 構造体の宣言

　変数と同じように、構造体を利用するには、宣言をする必要があります。構造体の宣言は次の2ステップで行います。

①構造体テンプレートの定義

どのような型のメンバをまとめるかの枠組みを決めます。この枠組みを構造体テンプレートと呼びます

②構造体変数の宣言

構造体テンプレートを使って、データを実際に記憶するための変数を用意します。なお、構造体変数のことをたんに構造体と呼ぶこともあります。構造体という用語がどちらの意味で使われているのか気をつけてみてください

☑ ①構造体テンプレートの定義

構造体テンプレートの定義は、struct句を使って、次のように行います。

```
struct _userdata{
    int age;
    char name[10];          構造体テンプレート名
    float height;
};
```

「_userdata」は構造体テンプレート名になります。構造体テンプレート名の頭に「_（アンダースコア）」を付けているのは、慣習的なもので、必ずしも先頭が「_」である必要はありません。

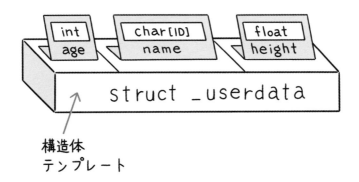

イラスト 8-3 構造体テンプレートの例

構造体
テンプレート

☑ ②構造体変数の宣言

実際に構造体を使うためには、構造体の型をもった変数「構造体変数」を用意しなくてはいけません。①で宣言した_userdata構造体テンプレートを使って、yoshidaという構造体変数の宣言をするには、次のようにします。

```
struct _userdata yoshida;
```

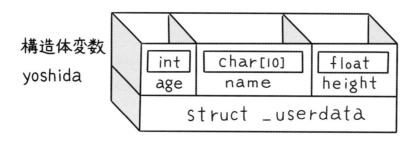

イラスト 8-4 構造体変数

構造体変数
yoshida

ここで構造体変数の名前をyoshidaとしたのは、この中にyoshidaさんの情報をまとめて格納しようという意図からです。加えて鈴木さんの情報を格納したいときは、構造体テンプレートを再利用して、次のようにsuzukiという別の構造体変数を宣言することも可能です。

```
struct _userdata suzuki;
```

☑ 構造体テンプレートと構造体変数を同時に宣言する

構造体テンプレートと構造体変数を同時に宣言することもできます。

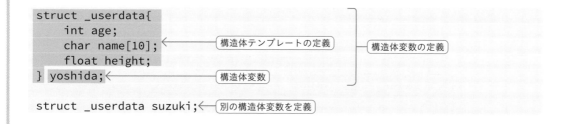

☑ 構造体名とtypedef

構造体の宣言では、しばしば新しい型を定義することで、少しだけ簡潔に書けるようにすることが行われます。ここでは型名の再定義について触れてみます。

☑ 型の名前を再定義する

typedef句を使うと型の名前を変更できます。次の例ではu_charはunsigned charと同じ意味の型と定義しています。

```
typedef unsigned char u_char
```

従来の型　　　　新しい型

このようにしておけば、u_charを使って、unsigned char型の変数を宣言することができます。

```
u_char c;
```

ポインタ型もtypedefを使って定義できます。次の例では、int型のポインタをpt_intという名前で再定義しています。

```
typedef int * pt_int;
```

従来の型　新しい型

よって、次のpは*がついていなくてもintのポインタ型となります。

```
pt_int p;
```

☑ 構造体の再定義

typedefを使えば、構造体の型にも任意の名前を付けることができます。さきほどの構造体をUSERDATAという型に置き換えてみます。

```
typedef struct _userdata{
    int age;
    char name[10];          ← 構造体テンプレートの定義
    float height;
} USERDATA;                  ← 新しい型
```

構造体と構造体変数を定義するときと文法が似ていますが、USERDATAは新しい型名であり、構造体変数名ではないことに注意しましょう。

このようにしておけば、構造体変数は次のように宣言できます。普通の変数の宣言と似ているので、簡潔ですね。以後はこの書き方を中心に話を進めていきましょう。

```
USERDATA yoshida;
```

　構造体変数の宣言と同時に値を設定するには、次のように書きます。配列と同じように、{ }の中に、メンバの定義順に値をカンマ区切りで記述します。

```
USERDATA yoshida = {24, "Taro", 169.5};
```

イラスト 8-5 構造体変数の初期化例

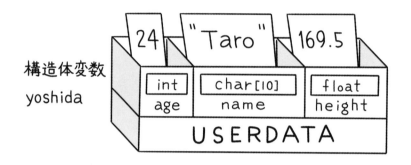

構造体の活用

構造体変数の宣言ができたら、次はそれぞれのメンバの値を参照する方法と、値を格納する方法を見ていきましょう。

☑ 構造体メンバへのアクセス

構造体のメンバを参照するには、「.(ピリオド)」を使います。次の例は、前項で定義した構造体変数yoshidaの値を参照するというものです。

```
USERDATA yoshida = {24, "Taro", 169.5};
printf("%d %s %f¥n", yoshida.age, yoshida.name, yoshida.height);
```

メンバに値を代入するときも、同じようにします。次の例では、suzuki という構造体のメンバに値をセットする例です。

```
USERDATA suzuki;
suzuki.age = 24;
strcpy(suzuki.name, "Jiro");
suzuki.age = 171.8;
```

☑ 構造体を使ったプログラム

では実際に、構造体を使ったプログラムを実行してみましょう。構造体のテンプレート名、メンバ、再定義する型名などが変わっていますが、この章で学んできたことのおさらいのようなプログラムになります。わからないところがないかチェックしてみましょう。

```c
#include <stdio.h>
#include <string.h>

int main(){
    typedef struct _profile {
        char name[10]; /* 名前 */
        int age; /* 年齢 */                          構造体型PROFILEの定義
        char sex; /* 性別:男なら'm'、女なら'f' */
    } PROFILE;
    PROFILE pr1 = {"masashi", 15, 'm'};              構造体変数pr1の宣言、初期化
    PROFILE pr2;                                     構造体変数pr2の宣言
    strcpy(pr2.name, "kiyomi");
    pr2.age = 13;                                    pr2のメンバの設定
    pr2.sex = 'f';
    printf("%s %d %c¥n", pr1.name, pr1.age, pr1.sex);
    printf("%s %d %c¥n", pr2.name, pr2.age, pr2.sex);
    return 0;
}
```

このプログラムの実行結果は以下のようになります。

```
masashi 15 m
kiyomi 13 f
```

構造体と
ポインタ

普通の変数に対するポインタと同じように、構造体を指すポインタというものも存在します。配列のときは配列名そのものがポインタを表していましたが、構造体ではそのようなルールはありません。しかしメンバの参照の仕方に独特なルールがあります。この節では、構造体を指し示すポインタの活用について見ていきましょう。

☑ 構造体を指し示すポインタ

これまで扱った変数や配列と同じように、構造体もポインタを使って操作することができます。構造体のポインタも今までと同じで、ポインタ名の前に*を付けて宣言します。typedefを使った例は次のようになります。

```
typedef struct _userdata{
    int age;
    char name[10];
    float height;
} USERDATA;
USERDATA *p;
```

USERDATA型の構造体を指し示すpというポインタを宣言できました。これを実際の構造体変数を指し示すようにするには次のようにします。構造体変数名の前に&を付けるとアドレスになるところも普通の変数と同じです。

```
USERDATA yoshida;
p = &yoshida;
```

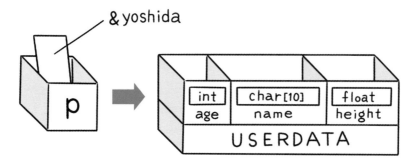

構造体変数 yoshida

☑ ポインタを使ったメンバへのアクセス

ポインタを使って構造体のメンバを参照するときは、「.」ではなく、「->（アロー演算子）」を使います。ちょうど上の図の矢印のようなイメージです。

代入の例：

```
p->age = 24;
strcpy(p->name, "Taro");
p->height = 169.5;
```

参照の例：

```
printf("%d %s %f", p->age, p->name, p->height);
```

☑ 構造体のポインタを使った例

では、構造体とポインタを使った例をみてみましょう。このプログラムは、リスト08-01.cのプログラムにおけるpr2に行ったのと同様の操作を、ポインタを使って行っているものになります。

リスト 08-02.c

```
#include <stdio.h>
#include <string.h>

int main(){
    typedef struct _profile {          ここまでは先の例と同じ
        char name[10]; /* 名前 */
        int age; /* 年齢 */
        char sex; /* 性別：男なら'm'、女なら'f' */
    } PROFILE;
    PROFILE pr, *p;  ←          構造体変数prとそのポインタpの宣言
    p = &pr;          ←          ポインタpにprのアドレスを代入
    strcpy(p->name, "masato");
    p->age = 31;                       ポインタを使って
    p->sex = 'm';                      prの各メンバに値を代入
    printf("%s %d %c¥n", p->name, p->age, p->sex);
    return 0;
}
```

このプログラムの実行結果は次のようになります。

```
masato 31 m
```

構造体と配列

CHAPTER 8

04

構造体変数も他の変数と同様に、配列にすることができます。この節では、今までの応用として、構造体配列について見ていきましょう。

☑ 構造体配列の宣言

　構造体変数の配列を構造体配列といいます。構造体配列の使い方は、普通の変数における配列とほとんど変わりません。次の配列は、「USERDATA型の構造体が3個連なったusersという構造体配列」になります。

```
typedef struct _userdata{
    int age;
    char name[10];
    float height;
} USERDATA;
USERDATA users[3];
```

イラスト 8-7 構造体配列のイメージ

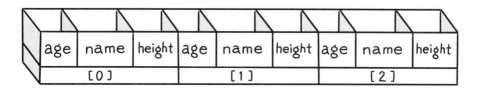

　構造体配列を初期化するときは、2次元配列と同じように行います。

```
USERDATA users[] = {
    {24, "Taro", 169.5},
    {26, "Koji", 173.4},
    {28, "Toru", 171.8}
};
```

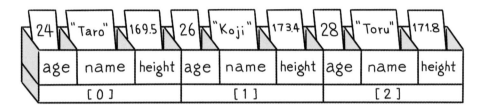

イラスト 8-8 構造体配列の初期化例

USERDATA users[3]

構造体配列は表のようなもの

構造体配列のデータ構造は表のようなものと言えるでしょう。たとえば、ここで紹介したusersは次のような表と同じ意味になります。

age	name	height
24	Taro	169.5
26	**Koji**	173.4
28	**Toru**	171.8

✔ 構造体配列の活用

　構造体配列の参照の方法を見ていきましょう。上で初期化したusersを使って、2番目の要素のメンバを参照するには次のように書きます。

```
printf("%d %s %f¥n", users[1].age, users[1].name, users[1].height);
```

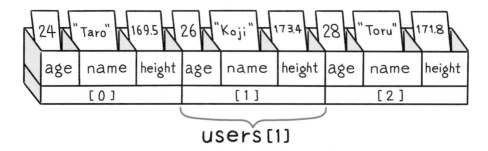

次にポインタを使って同様に参照してみましょう。2番目の要素を指すポインタ変数をpとして、その各メンバを参照するには次のように書きます。ポインタを進めたり、戻したりすることで各要素のメンバを参照することができます。

```
USERDATA *p = users + 1; /* 2番目の要素を指すポインタ変数 */
printf("%d %s %f¥n", (p->age, p->.name, p->height);
```

イラスト 8-10 ポインタを使った構造体配列のメンバ参照例

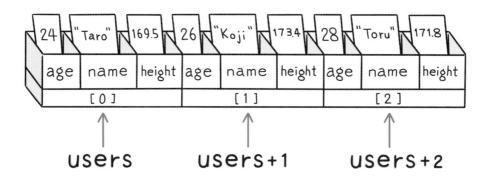

✔ 構造体配列のプログラム例

では実際に、構造体配列を使ったプログラムを実行してみましょう。次のプログラムは、以前も登場した_profile構造体3つ分の構造体配列を用意し、そのデータを表示するというものです。構造体の参照はポインタで行い、for文とアロー演算子を組み合わせて、すべての要素を表示しています。

このように、構造体配列は名簿データを格納するのに使うことができます。

リスト 08-03.c

```c
#include <stdio.h>

int main() {
    typedef struct _profile {
        char name[10]; /* 名前 */
        int age; /* 年齢 */
        char sex; /* 性別：男ならm、女ならf */
    } PROFILE;
    PROFILE pr[] = {
        {"Tanaka", 24, 'm'},
        {"Suzuki", 26, 'm'},
        {"Sato", 27, 'f'}
    };
    PROFILE *p = pr;
    int i;
    for(i = 0; i < 3; i++) {
        printf("%s %d %c\n", p->name, p->age, p->sex);
        p++;
    }
    return 0;
}
```

このプログラムの実行結果は以下のようになります。

```
Tanaka 24 m
Suzuki 26 m
Sato 27 f
```

- ✅ 構造体とは複数の型の変数をひとまとめにしたものです

- ✅ 構造体を宣言するには、まずstruct句を使って構造体テンプレートを宣言します。テンプレートでは各変数の型と名前を定義します。これらの変数を構造体のメンバといいます

- ✅ typedefを使って型の名前を変更することができます。構造体に使うとstructを使わずに構造体を定義できます

- ✅ 構造体変数からメンバにアクセスするには構造体変数とメンバをドット（.）でつなぎます

- ✅ 構造体のポインタからメンバにアクセスするには構造体のポインタとメンバをアロー演算子（->）でつなぎます

- ✅ 構造体の配列を作ることができます。普通の配列と同様、インデックスを指定して参照することも、ポインタを使って参照することもできます

練 習 問 題

A 次の構造体に関する記述のうち、間違っているものを指摘してください。

(a) 構造体を宣言するには構造体テンプレートを使う。

(b) 構造体テンプレートでメンバの名前と型を定義する。

(c) 「構造体変数名.メンバ」の形式でメンバにアクセスできる。

(d) 構造体のメンバへのアクセスには添字が使える。

(e) 「構造体変数へのポインタ->メンバ」の形式でメンバにアクセスできる。

B 次の構造体の宣言のコードには間違いがあります。それを指摘してください。

```
struct _cardinfo{
    char name[256];
    char number[17];
    int expire_month;
    int expire_year;
} cardinfo;
cardinfo mycardinfo;
```

C 次のプログラムの空欄には、符号なし1バイト整数型を再定義するコードが入ります。アに当てはまるコードを答えてください。

```
#include <stdio.h>
#include <stdlib.h>
int main()
{
    ┌─────────────────┐
    └─────────────────┘
    LPBYTE p = (LPBYTE)malloc(20), q;
    int i = 0;
    for(q = p; i<20; q++) {
     *q = i * i;
      i++;
    }
    printf("%d\n", p[14]);
    free(p);
    return 0;
}
```

D 次のプログラムの［ア］［イ］［ウ］には「.」か「->」が入ります。それぞれどちらが入るかを答えてください。

```
#include <stdio.h>
int main()
{
    typedef struct _book {
      char name[100];
      int price;
    } BOOK;
    BOOK books[] = {
        {"技術書", 2400},
        {"雑誌", 1200},
        {"コミック", 500}
    };
    BOOK *p = books + 1;
    printf("%s: %d円¥n", books[0] ア name, books[0] ア price);
    printf("%s: %d円¥n", p イ name, p イ price);
    p++;
    printf("%s: %d円¥n", (*p) ウ name, (*p) ウ price);

  return 0;
}
```

CHAPTER

9 » ファイル入出力と プログラムファイルの 構成

この章ではテキストファイルの読み書きの方法を
学びます。
また、今までプログラムを実行する際は、
1つのソースファイルにプログラムをすべて記述し、
それをコンパイル、実行していましたが、
複数のファイルから構成するプログラムを
作成することを考えてみます。

これから学ぶこと

✔ ファイル入出力の基本を理解し、テキストファイルの内容を読み込む方法とテキストファイルにデータを書き出す方法を学びます

✔ ヘッダファイルやライブラリの位置づけを学びます

✔ マクロについて学びます

✔ 複数ファイルから成るプログラムのソースファイルをコンパイルする方法を学びます

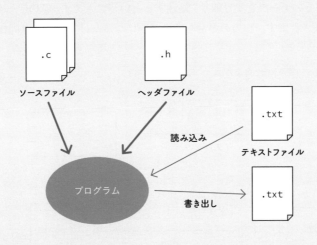

イラスト 9-1　ファイル操作を習得するとプログラミングでできることの幅がひろがります

ファイルに関連することがらがたくさん出てきます。コマンドラインの操作方法も再確認しておいてください。

CHAPTER 9

01

テキストファイルの
読み書き

ここでは、C言語で作られたプログラムでファイルの内容を読み込んだり、結果を書き出したりする方法について解説していきます。ファイルには、大きく分けて人間が内容を理解できるテキストファイルと、メモリーの内容をそのまま書き出したようなバイナリファイルがありますが、本書ではテキストファイルについて解説します。

✅ ｜ ストリーム

　ファイルからデータを「読み込む」ということは、ファイルからプログラムへデータを順番に流して、プログラムがそのデータを受け取り、処理するということです。このデータの入力は流れ（ストリーム）として表されます。出力の場合も向きが逆になるだけで考え方は同様です。

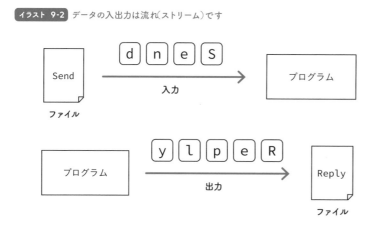

イラスト 9-2 データの入出力は流れ（ストリーム）です

　ところで、上図を見て、見覚えがあると思った人はいるでしょうか。似たような図をCHAPTER 5のgetcher()関数や、CHAPTER 6のscanf()関数のところでも提示しました。じつはC言語ではキーボードからの入力やディスプレイへの出力もストリームとして扱います。これらをそれぞれ、標準入力、標準出力といいます。標準入出力のターゲットはデフォルトではキーボードとディスプレイですが、コマンドラインのリダイレクト機能を使えば変更することもできます。

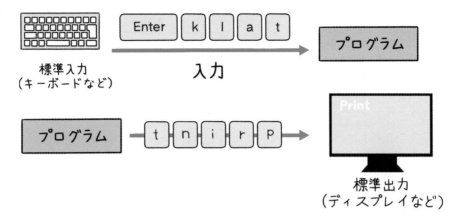

データの入出力を厳密に考えると、たとえば入力なら、ハードディスクのどのセクタの何番目からデータを取り出して、そのデータはいったんバッファに貯まり、プログラムはそれを1つずつ取り出して処理する・・・という込み入った処理があるのですが、そのあたりはOS、デバイスドライバ、C言語のライブラリなどが担当してくれるので気にする必要はありません。

コマンドラインのリダイレクト機能

MSYS2などのコマンドラインでは、ディスプレイ上に表示する内容をファイルに出力することができます。たとえば、ファイル一覧を表示するlsコマンドをそのまま実行すると結果はディスプレイ上に表示されます。しかし、「ls > abc.txt」のようにすると、結果をabx.txtというファイルに出力できるようになります。逆にキーボードから入力を受け取るプログラムprog1があったとき、「prog1 < def.txt」のようにすると、def.txtの内容をキーボードから入力したのと同じ意味になります。このような「>」や「<」を使った入出力先の付け替えのことをリダイレクトといいます。

✓ ファイルポインタ

C言語のプログラムでファイルを扱うときは、ファイルを直接扱うのではなく、ファイルポインタというものを使います。大まかな処理の順序は次のようになります。

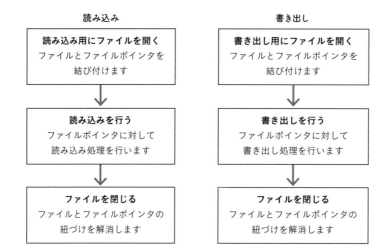

読み込み

読み込み用にファイルを開く
ファイルとファイルポインタを
結び付けます

↓

読み込みを行う
ファイルポインタに対して
読み込み処理を行います

↓

ファイルを閉じる
ファイルとファイルポインタの
紐づけを解消します

書き出し

書き出し用にファイルを開く
ファイルとファイルポインタを
結び付けます

↓

書き出しを行う
ファイルポインタに対して
書き出し処理を行います

↓

ファイルを閉じる
ファイルとファイルポインタの
紐づけを解消します

　ファイルポインタの実体は、ファイルの読み書きの位置などを格納しておくための構造体になります。まずは次のようにポインタとして宣言しておきます。

```
FILE *fp;
```

✓ ファイルを開く・閉じる

　ファイルを開くにはfopen()という関数を使います。たとえば、「a.txt」というテキストファイルを読み込み用に開くには、次のようにします。

```
fp = fopen("a.txt", "r");
```

　2番目の引数が開く際のモードで、"r"は読み込み用に開くことを表しています。
　fopen()関数が成功するとfpにはファイルポインタが返ります。読み込むファイルがなかったり、権限が足りなかったりして開けなかった場合には、fpの値はNULLになります。fopen()の戻り値がNULLかどうかのチェックは必ず行うようにしましょう。
　一方、書き出し用の場合は2番目の引数に"w" または"a"を指定します。"w"は新規にファイルを作成し、"a"はすでにあるファイルに追記します。その他の点は読み込みのときと同じです。

```
fp = fopen("b.txt", "w");
fp = fopen("c.txt", "a");
```

　ファイルを閉じるにはモードにかかわらずfclose()関数を使います。

```
fclose(fp);
```

このようにファイルに関係する関数の名前には先頭に「f」がついています。なお、ファイル関係の関数を使う場合は、stdio.hをインクルードしておく必要があります。

✔ ファイルの読み込み

ここまでで下準備が終わったので、まずは読み込みの方法について解説しましょう。読み込みを行う関数はいろいろなものがあるのですが、使い勝手がよいのは、fgets()関数です（エフゲットエスと読みます。sはStringの頭文字です）。fgets()関数はファイルから1行分のデータを読み込む関数です。

実際にa.txtというテキストファイルから、1行分のデータを読み込んでみましょう。コードは次のようになります。

リスト 09-01.c

```c
#include <stdio.h>

int main() {
    char s[256];
    FILE *fp;          ←──────── ファイルポインタ
    fp = fopen("a.txt", "r");
    if(fp) {                      ┌── 文字バッファ
        fgets(s, 256, fp);        └── 文字バッファの大きさ
        printf("%s", s);
        fclose(fp);
    }
    return 0;
}
```

sは読み込んだ文字列を受け取るバッファで、文字配列として定義します。1行のデータを格納するのに十分な大きさにする必要がありますが、それより長い行があったとき他のメモリー領域の

値を壊してしまわないように、文字バッファの大きさをバイト単位でfgets()関数の2番目の引数として指定します。

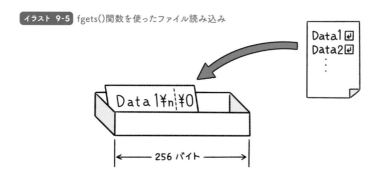

fgets()関数を使ったファイル読み込み

このプログラムではバッファサイズは256バイトとなっていますが、文字列の最後の文字はNULL文字（¥0）という決まりなので、255バイト分まで格納できることになります。ただし、fgets()関数は最後の改行も含めた文字列を取得するので、さらにそのぶん格納できる文字数は少なくなります。もし1行がバッファの大きさよりも大きい場合は、読み込み切れなかった分は次回の読み込みで処理されます。

✔ ファイルを最後まで読み込む

実際の場面ではファイルの内容を最後まで読み込むということが多いでしょう。それには、fgets()をファイルの最後まで繰り返す必要がありますが、ファイルの終わり（end of file）はfeof()関数で調べることができます。feof()関数はファイルポインタがファイルの終端に到達し、これ以上読み込めなくなったときに真になります。

実際に例を見てみましょう。

リスト 03-02.c

```c
#include <stdio.h>

int main() {
    char s[256];
    FILE *fp;
    fp = fopen("a.txt", "r");
    if(fp) {
        while(1) {
            fgets(s, 256, fp);
            if(feof(fp))
                break;
            printf("%s", s);
        }
        fclose(fp);
```

> C言語では1は真を表すので、このwhileループは無限ループになりますここではわざと無限ループにしてbreakで脱出しています

> ファイルの終わりでループを終了します

```
    }
    return 0;
}
```

例として、a.txtの内容が次のようだったとします（最後は改行で終わっているとします）。

a.txt

```
Red
Blue
Yellow
Pink
Green
```

このとき、プログラムの実行結果は次のようになります。

```
Red
Blue
Yellow
Pink
Green
```

日本語のテキストファイル

MSYS2では、日本語はすべてUTF-8形式で処理されます。そのため、読み込むファイルに日本語が含まれる場合は、UTF-8形式で保存しておく必要があります（文字コードを識別するためのBOMは付けない方がよいです）。

ただし、このあたりの仕様はC言語の処理系によって異なるので、そのシステムの仕様を確認するようにしてください。

なお、gccの内部表現はUTF-8であり、UTF-8で日本語を表すと、1文字につき、ひらがな/カタカナは2バイト、漢字は3バイト以上になります。その分余裕をもってバッファを確保しておく必要があります。

☑ ファイルの書き出し

次にファイルにテキストを書き出すことを考えてみます。書き出しは読み込みに比べると簡単です。もっとも使いやすいのはfprintf()関数を使う方法です。この関数は最初の引数としてファイルポインタをとる以外は、今まで使ってきたprintf()関数と同じです。

早速例を見てみましょう。

```c
#include <stdio.h>

int main() {
    int x = 3;
    FILE *fp;
    fp = fopen("b.txt", "w");
    if(fp) {
        fprintf(fp, "%d\n", x);
        fclose(fp);
    }
    return 0;
}
```

　このプログラムは変数xの値をb.txtというファイルに書き出すものです。プログラムを実行しても何も表示しませんが、ファイルの中身を表示するcatコマンドでb.txtの内容を表示すると、次のようになります。

```
$ cat b.txt
3
```

その他のファイル関係の関数

　その他にもいろいろなファイル関係の関数がありますが、抜粋して簡単に紹介します。

int fgetc(FILE *fp);	ファイルから半角1文字を読み込みます。
int fscanf(FILE *fp, const char *format, ...);	scanf()関数のようにテキストを読み込みます。文字列をダイレクトに型変換できますが、変換に成功するとは限らず、バッファの大きさも指定できないので、汎用的なプログラムで使うのは避けたいです。
int fputc(int c, FILE *fp);	ファイルに半角1文字を書き出します。
int fputs(const char *s, FILE *fp);	ファイルに文字列を書き出します。末尾に改行はつきません。
int ferror(FILE *fp);	ファイル関数でエラーが起きたときに0以外の数字（真）を返します。

ヘッダファイル

これまでプログラムの冒頭には決まり文句のように「#include <stdio.h>」という一文を書いてきました。これは、「stdio.hというファイルを取り込む」という意味なのですが、この「stdio.h」のような、拡張子「.h」のファイルをヘッダファイルといいます。この節では、ヘッダファイルの内容や使い方について見ていきましょう。

✅ | ヘッダファイルとライブラリ

　今まで書いてきた「test.c」などの、拡張子が「.c」のファイルのことをソースファイルと呼ぶのに対し、stdio.hなど、拡張子が「.h」のファイルのことをヘッダファイルといいます。ヘッダファイルは、関数のプロトタイプ宣言、構造体や定数の定義などが書かれているテキストファイルで、これをソースファイルに取り込む（インクルード）ことで、それらの宣言や定義を使うことができるようになります。具体的には次のようなイメージになっています。

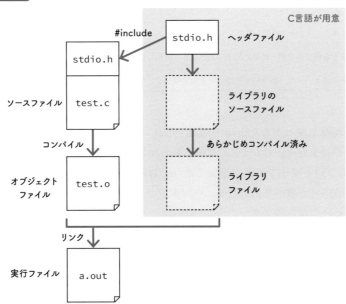

イラスト 9-6 コンパイルの流れと使われるファイルの種類

①ヘッダファイルはソースファイルに埋め込まれる形で、コンパイラというプログラムによってコンパイル（機械語に変換）され、オブジェクトファイルが生成されます。

②ヘッダファイルの処理内容はライブラリファイルにあらかじめコンパイルされた形で記述されています。ライブラリファイルは所定の位置（libフォルダ）に格納されています。

③リンカというプログラムが、オブジェクトファイルとライブラリファイルを集めてリンク（結合）します。

　これまでのgccのコンパイルでは、このようなことは意識して来なかったと思います。それは、gccがコンパイルとリンクを同時に行ってくれていたからです。もしコンパイルとリンクを分けて行いたい場合は、gccの-cオプションとリンカであるldコマンドを使って、次のようにします。

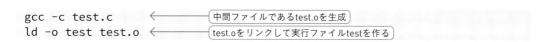

```
gcc -c test.c        ← 中間ファイルであるtest.oを生成
ld -o test test.o    ← test.oをリンクして実行ファイルtestを作る
```

✔ 標準ライブラリの利用

　これまでもstdio.hのほかにもいろいろなヘッダファイルが登場してきましたが、これらにはみな対応するライブラリファイルがあります。C言語であらかじめ用意されているものを、標準ライブラリといいます。標準ライブラリには、次のようなものがあります。

stdio	キーボードからの入力や、ディスプレイへの出力など、いわゆる標準入出力に関する関数をまとめたもの。stdioは「standard input/output」の略
string	文字列をコピーしたり、文字列を比較したりといった、文字列操作に関する関数をまとめたもの
stdlib	メモリー管理などよく使う機能を集めたもの
time	現在の時刻を取得するなど、時間に関する関数をまとめたもの
math	べき乗や平方根といった、数学的な処理に関する関数をまとめたもの

　例えば、今まで何度も使ってきたprintf()関数と同じことをしようと思ったら、本来は自作の関数を作らなければいけません。しかし、C言語にあらかじめ用意されているstdio.hというファイルに、printf()関数のプロトタイプ宣言が書いてあり、対応するstdio.lib（名前は異なる可能性があります）にその処理内容が書いてあるため、ヘッダファイルをインクルードするだけで関数を利用することができるようになるのです。

CHAPTER 9

03

マクロ

今までプログラムの冒頭で記述してきた#includeのような、#で始まる1行文のことをマクロといいます。この節では、マクロの使い方について見ていきましょう。

✓ マクロとは

　プログラムはコンパイルされる前に、プリプロセッサというプログラムによって前処理されます。マクロはそのプリプロセッサ用の指令文です。マクロは#から始まり。今まで学んできたC言語の命令文とは異なる文法をもちます。

イラスト 9-7 プリプロセッサを含めたコンパイルの流れ

　これまで見てきた#includeもマクロの一種で、ファイルを取り込むという指示文になります。その他にどのようなものがあるかを紹介します。

✓ #define

　#define（defineは「定義」するという意味）はプログラムコードの置き換えを行うマクロです。たとえば次のように記述することで、この記述以降のDATA_NUMという文字列は5に置換されます。

```
#define DATA_NUM 5
```

たとえば、「a = DATA_NUM;」は「a = 5;」と書いたのと同じ意味になります。置き換えは実行中でもコンパイル時でもなく、その前に行われるということを意識しておいてください。

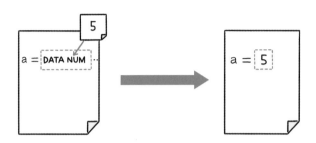

イラスト 9-8 #defineマクロによるコードの置き換え

　#defineで置き換えられる文字列は、他のものと区別がつくように大文字で表されることが多いです。また、マクロでは文末にセミコロンが付かないことにも注意しましょう。セミコロンを書くとセミコロンも置換対象となってしまいます。

　#defineは数字に名前を付ける目的で使われることが多いです。その数字が何を意味しているのかがわかりやすくなりますし、定数値をあとから一括で変更することができるからです。

　実際にプログラムを通して確認してみましょう。次のプログラムの内容としては、aveという関数を定義し、その関数に配列のアドレスを渡すことによって、配列内のデータの平均値を計算するというものになっています。

リスト 09-04.c

```c
#include <stdio.h>
#define DATA_NUM 5 /* DATA_NUMを5に置換 */

void ave(double *data){
    double sum = 0;
    for(int i = 0; i < DATA_NUM; i++){
        sum += *(data + i);
    }
    printf("データの平均値:%f¥n", sum / DATA_NUM);
}

int main() {
    double data[] = {10.0, 21.0, 34.0, 47.0, 59.0};
    ave(data);
    return 0;
}
```

このプログラムの実行結果は以下のようになります。

データの平均値：34.200000

　このプログラムでは、#defineを使ってDATA_NUMという文字列を5に置換しています。この置換によって、データの数を増やしたり減らしたりしたいときは、冒頭のマクロ定義の部分を書き換えるだけで済むようになります。さらに、これがデータの数を表す数字であることが一目でわかるようになります。

---

constと#defineの違い

定数を定義する方法として、CHAPTER3で紹介したように、constを使って、「const data_num = 5;」のように書くことも考えられます。ただし、constで定義した定数は、配列の要素数として利用できないなど、#defineの方が使える場面は多くなります。#defineはあとで述べるような注意すべき点がありますが、うまく使い分けるようにしてください。

✅ #defineによるキーワードの定義

#defineには次のような使い方もあります。

```
#define _DEBUG_MODE
```

　#defineの後ろにキーワードだけしかなく、置き換え対象の値が見当たりません。このように記述することによって、「_DEBUG_MODE_ というキーワードが定義されている」という事実のみを表します。この書式は、このあと解説する、#if、#ifdef、#ifndefというマクロと同時に用いられます。

✅ 引数付きマクロ

　#defineを使うと、引数をもち、関数のように動作するマクロを定義することができます。次の例は、2つの引数を掛け合わせるマクロを定義したものです。

```
#define KAKERU(a, b) ((a)*(b))
```

　このマクロは、KAKERU(a, b)という文字列を((a)*(b))に置き換えるというものです。このとき、もとの文章のa,bと置き換えられるa,bは対応しています。このマクロがどういった動きをするのか、実際にプログラムを実行して確かめてみましょう。

```c
#include <stdio.h>
#define KAKERU(a, b) ((a)*(b))

int main() {
    printf("実行結果:%d¥n", KAKERU(5, 3));
    return 0;
}
```

このプログラムの実行結果は次のようになります。「KAKERU(5, 3)」の部分は「((5)*(3))」に置き換わるので、答えは15となります。

実行結果:15

ここで、定義を「#define KAKERU(a, b) a*b」ではなく、「#define KAKERU(a, b) ((a)*(b))」とカッコを多めに付けているのは、ちゃんとした理由があります。それを知るために、次の例を見てみましょう。

```c
#define KAKERU(a, b) a*b
    :
    printf("実行結果:%d", KAKERU(6+2, 4-1));
    :
```

これは、さきほどのマクロKAKERUの置換後の式を((a)*(b))からa*bにしたものです。6+2=8、4-1=3なので、結果は8×3=24になりそうですが、実際はそうはなりません。#defineは置き換えを行うものですから、「KAKERU(6+2, 4-1)」は「6+2*4-1」と変換されます。計算式では掛け算が先に処理されますから、結果は13となってしまいます。

外側にもう一重カッコを付けているのも、マクロの前後の式と混ざらないようにするためです。引数付きマクロを定義するときは、意図した結果が出るようにするため、カッコを付けるようにしましょう。

☑ マクロ使用時の注意

また、マクロは定数や関数のようなものですが、まったく同じ使い方ができるわけではありません。その例を見てみましょう。たとえば、1から5の2乗を計算し、結果を画面に表示するプログラムを作るとします。関数を使ってプログラミングすると次のようになります。

```c
#include <stdio.h>
int jijo(int n)
{
    return n*n;
}
```

```
int main(){
    int i = 1;
    while(i <= 5) {
        printf("結果:%d¥n", jijo(i++));
    }
    return 0;
}
```

このプログラムの実行結果は以下のようになります。

```
結果:1
結果:4
結果:9
結果:16
結果:25
```

　ではこのプログラムのjijo()関数を引数付きマクロに置き換えてみましょう。

リスト 09-07.c

```
#include <stdio.h>
#define JIJO(a) ((a)*(a))

int main(){
    int i = 1;
    while(i <= 5) {
        printf("結果:%d¥n", JIJO(i++));
    }
}
```

このプログラムの実行結果は以下のようになってしまいます。

```
結果:2
結果:12
結果:30
```

　これは、#defineマクロによって「JIJO(i++)」が「((i++)*(i++))」に置換されているからです。さきほどのプログラムでは、1ループにつき1度しかi++が実行されなかったのに対し、このプログラムは2度i++が実行されています。インクリメント演算子は参照される度に増加していくため、最初のループでは「1 * 2」、2度目のループでは「3 * 4」、3度目のループでは「5 * 6」という計算が行われてしまいます。

　このように、引数付きマクロは便利ではありますが、どんな場合でも関数の代わりに使えるわけではありません。引数付きマクロを使うときは、あくまで「置換しているだけ」であることに十分注意しましょう。

引数つきマクロを使うメリット

引数付きマクロの注意点を述べましたが、便利な点もあります。その1つは型を気にしなくてもよいということです。ここで紹介したKAKERUやJIJOマクロは、intの計算に用いましたが、そのままdoubleなどほかの型の引数を指定することも可能です。

✓ | #if

プログラムを組んでいると、条件に応じて必要な部分だけをコンパイルしたいときがあります。そんなときは、次のように#ifというマクロを使うと、条件が真のときだけ指定範囲をコンパイル対象に含めることができます。

```
#if 条件
    条件が真のときに実行したいコード
#endif
```

コードが複数の命令から成っていても、{ }で囲む必要はありません。if文と同じように複数の条件によって分岐させることもできます。C言語の文法とは微妙に異なるので注意してください。

```
#if 条件1
    条件1が真のときに実行したいコード
#elif 条件2
    条件2が真のときに実行したいコード
#else
    どちらの条件にも当てはまらないときに実行したいコード
#endif
```

実際の例を見てみましょう。次の例ではLNGが1なので、「こんにちは」と表示されます。

リスト 09-08.c

```
#include <stdio.h>
#define LNG 1

int main(){
#if LNG == 1
    printf("こんにちは¥n");
#elif LNG == 2
    printf("Hello");
#else
    printf("error");
#endif
  return 0;
}
```

プリプロセッサによってコードは次のように変換されます。

```
#include <stdio.h>
int main(){
    printf("こんにちは");
    return 0;
}
```

　ここで注意してもらいたいのですが、条件には普通の変数は使えません。たとえば「#define LNG 1」の代わりに「int LNG = 1」と書いたとします。マクロが処理されるのはコンパイルの前ですから、その時点では一般にLNGは0です。その結果、「printf("error");」がコンパイルされ、実行結果は「error」と表示されます。

✔ | **#ifdef,#ifndef**

　#ifは#defineで定義した値によってコンパイルするコードを選択することを紹介しましたが、定義されているかどうかだけを条件にすることもできます。たとえば「_DEBIG_MODE_が定義されていれば～」という条件を表すには次のようにします。

このようにも書けます

```
#if defined _DEBUG_MODE_
```
```
#ifdef _DEBUG_MODE_
```

　逆に「_DEBIG_MODE_が定義されていなければ～」は次のようになります。

このようにも書けます

```
#if !defined _DEBUG_MODE_
```
```
#ifndef _DEBUG_MODE_
```

では、これらを使ったプログラムを見ていきましょう。

リスト 09-09.c

```
#include <stdio.h>
#include <string.h>
#define _DEBUG_MODE_

int main(){
    char s[] = "Hello";
#ifdef _DEBUG_MODE_
    printf("%zd¥n", strlen(s));
#endif
    printf("%s¥n", s);
    return 0;
}
```

　このプログラムを実行すると、次のように表示されます。

```
5
Hello
```

　このプログラムでは、「_DEBUG_MODE_」が定義されていますから、「Hello」という文字列の前に、その文字数が表示されます。「_DEBUG_MODE_」は正式リリース前のデバッグ中であることを表す意味を込めて命名しました。デバッグ時は値をチェックしておきたいけれど、リリース版

では表示させたくないということはあると思います。そのような場合に上のようにしておけば、最後に「#define _DEBUG_MODE_」のコードをコメントアウトするだけで、リリース版にすることができます。

マクロの演算子

#defineマクロの条件式では演算子を使うこともできます。たとえば、「DEBUGが定義されていてかつJPが定義されている」は次のように書きます。

```
#if defined(DEBUG) && defined(JP)
```

なお、このような場合は、#ifdefを使って「#ifdef DEBUG && JP」のように書くことはできません。

ソースを分割する

ここまでプログラムを書く際は、1つのソースファイルにすべてのプログラムコードを書いていました。しかしプログラムが大きくなってくると、ソース管理や読みやすさの点で、1つのソースファイルに大量のプログラムを記述するのは好ましくないこともあります。この節では、複数のソースファイルの扱いについて見ていきましょう。

✔ ソース分割の構想

ソースファイルの分割の例として、次のシンプルなプログラムを考えてみます。

リスト 09-10.c

```c
#include <stdio.h>
int myaddnum = 10;
int add_num(int n)
{
    return n + myaddnum;
}

int main()
{
    int x = 4;
    int y = add_num(x);
    printf("%d\n", y);
    return 0;
}
```

ここまで本書を読み進めてきた読者なら、詳しい説明は不要でしょう。引数に値を足すadd_num()関数を呼び出して、その結果を表示しています。add_num()に渡す引数は4で、足す値はmyaddnumで10となっているので、表示結果は14となります。

これを次のようなファイル構成にすることを考えます。

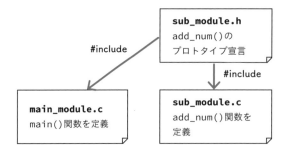

✔ 分割後のソースファイル

実際に分割したソースファイルは次のようになります。

リスト 09-11/main_module.c

```c
#include <stdio.h>
#include "sub_module.h"

int main()
{
    int x = 4;
    int y = add_num(x);
    printf("%d\n", y);
    return 0;
}
```

リスト 09-11/sub_module.c

```c
#include "sub_module.h"

int myaddnum = 10;
int add_num(int n)
{
    return n + myaddnum;
}
```

リスト 09-11/sub_module.h

```c
int add_num(int n);
```

基本的にプログラムを分割しただけという印象ですが、ここで、気を付けてもらいたいのは #include文の書き方です。これまでのstdio.hなどをインクルードする場合は、次のように書いて いました。

```c
#include <ファイル名>
```

一方、自作のヘッダファイルをインクルードする場合は次のようにします。

```
#include "ファイル名"
```

< >と" "で何が違うのかというと、ファイルを参照する場所が異なります。< >はコンパイラの
ヘッダファイルが格納されている場所を探すのに対し、" "ではソースファイルと同じ場所のヘッ
ダファイルを参照します。つまり標準ライブラリを読み込む際は<>で、自作のヘッダファイルを
読み込む場合は""でファイル名を囲みます。
より複雑なプログラムを組むときは、このようにファイルを複数に分割することがよくあります。
　これら2つのファイルをコンパイル、リンクするには、gccのコンパイルで次のようにソースフ
ァイルを続けて書きます。

```
gcc -o mm main_module.c sub_module.c ←───── 2つのソースファイルから
                                            実行ファイルmmを作る
```

メイクファイル

上の例は、2つのファイルをコンパイルして、リンクする単純なコマンドですが、プ
ログラムファイルが多く複雑な場合は、コンパイルの順番、どのファイルをコンパイ
ルするか、どのようにプログラムを最適化するか（速度重視、メモリー使用量重視な
ど）などが書かれたテキストファイルを用意します。このファイルのことをメイクフ
ァイルと呼びます。メイクファイルの書き方はコンパイラによって互換性はなく、独
特な文法なので、本書では扱わないものとします。

☑ externによる変数の共有

main_module.cからsub_module.cのadd_num()関数を参照する方法を見てきましたが、ここ
でmyaddnumをmainmodule.cで扱いたいとします。たとえば、printf()関数の部分を次のような
コードで置き換えたいとします。

```
printf("%d+%d = %d", x, myaddnum, y);
```

何も考えずに上記だけ変更すると、main_module.cではmyaddnumは宣言されていないので、
エラーになってしまいます。それではどうするかと考えて、「int myaddnum = 10;」の行をmain_
module.cにコピーしたり、ヘッダファイルに移動したりしてもうまくいきません。リンクすると
きに変数を重複して定義しているというエラーになってしまうのです。

結論を先に述べてしまうと、変数を２つのソースファイル間で共有するには、externというキーワードを使う必要があります。externを使って行う変数の宣言は外部変数宣言といい、別のファイルにあるグローバル変数を参照できるようになります。

　externを使って修正したプログラムは次のようになります。

リスト 09-12/main_module.c

```
#include <stdio.h>
#include "sub_module.h"

int main()
{
    int x = 4;
    int y = add_num(x);
    printf("%d+%d=%d¥n", x, myaddnum, y);
    return 0;
}
```

リスト 09-12/sub_module.c

```
#include "sub_module.h"

int myaddnum = 10;
int add_num(int n)
{
    return n + myaddnum;
}
```

リスト 09-12/sub_module.h

```
extern int myaddnum;
int add_num(int n);
```

　修正した箇所は太字の部分だけです。これでmyaddnumはファイル間で使える変数になりました。これをコンパイルして実行した結果は次のようになります。

```
4+10=14
```

　#includeでファイルを結合したあとのイメージとしては次のようになります。

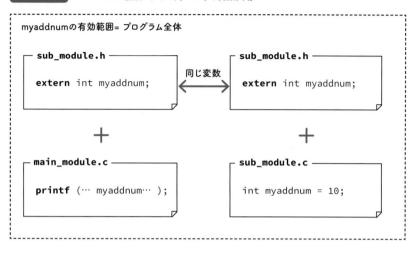

イラスト 9-10 externによる複数ファイル間における変数共有

myaddnumの有効範囲= プログラム全体

```
sub_module.h
extern int myaddnum;
```

同じ変数

```
sub_module.h
extern int myaddnum;
```

\+

```
main_module.c
printf (… myaddnum… );
```

\+

```
sub_module.c
int myaddnum = 10;
```

　なお、extern宣言を書く場所は、ヘッダファイルでなくても、ソースファイルの中でも構いません。どこかに１箇所書いてあると、共通の変数とみなされます。またexternであることの宣言（extern int myaddnum;）と変数の宣言（int myaddnum = 10;）は別に行う必要がありますので注意してください。

ヘッダファイルの重複インクルード防止

複数のファイルで#includeを使うと、結果的に同じヘッダファイルを2度以上インクルードしてしまうことがあります。そうなると、変数や関数などの宣言が重複してしまい、コンパイル時にエラーになってしまいます。これを防止するため、ヘッダファイルの先頭と末尾に次のようなマクロを追加することがよく行われます。

```
#ifndef SUB_MODULE_H
#define SUB_MODULE_H

/*ヘッダファイルの中身*/

#endif
```

SUB_MODULE_Hの部分は何でも構いませんが、ヘッダファイルの名前を大文字にしたものがよく使われます。

このファイルが1度目にインクルードされたときは、まだSUB_MODULE_Hは定義されていません。そのため、「#define SUB_MODULE_H」以降のコードはコンパイル対象に含まれます。2回目以降のインクルードでは、すでにSUB_MODULE_Hが定義されているため、#ifndefの中身はコンパイル対象にならないという仕掛けになっています。

✔ staticなグローバル変数

externは変数の有効範囲を永続的にするものでしたが、逆の働きをするstaticというものがあります。staticを付けてグローバル変数を宣言すると、変数の有効範囲は、そのファイルの中だけに限定されます。

例で確認してみましょう。

リスト 09-13/main_module.c

```
#include <stdio.h>
#include "sub_module.h"

static int mysubtractnum = 3;

int main(){
    int x = 4;
    int y = add_num(x);
    printf("%d+%d-%d=%d¥n", x, myaddnum, mysubtractnum, y);
    return 0;
}
```

リスト 09-13/sub_module.c

```
#include "sub_module.h"

int myaddnum = 10;
static int mysubtractnum = 3;

int add_num(int n)
{
    return n + myaddnum - mysubtractnum;
}
```

リスト 09-13/sub_module.h

```
extern int myaddnum;
int add_num(int n);
```

太字が変更したコードです。プログラムの内容としては、「足す値」に加え「引く値」を設定したものになります。差し引く値を表すmysubtractnumという変数は、2つのソースファイルで定義されていますが、これらはまったく別の変数として扱われます。staticを付けなくても別のものとして扱われますが、そのままではリンク時に重複エラーになってしまします。staticを付けて宣言しておけば、これを防止できます。

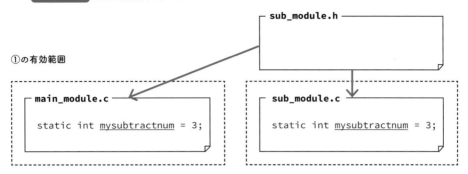

①の有効範囲

sub_module.h

main_module.c

```
static int mysubtractnum = 3;
```

sub_module.c

```
static int mysubtractnum = 3;
```

#defineとstatic

#defineによるマクロ定義は定数を表すのによく使われますが、すでに示したように、ヘッダファイルの中に記述することもできます。#defineは「置き換え」を行うものなので、ヘッダファイルで宣言しても重複の問題は発生しません。一方、#defineで定義した定数は型が明確でないという弱点もあります。

そのようなとき、ヘッダファイルでstaticを使って変数を宣言すれば、型を明確にすることができます。実際は値を変更しても意味がないので、constと組み合わせて、

```
static const int mysubtractnum = 3;
```

のように書くことができます。

☑ staticなローカル変数

staticはローカル変数に付けて宣言することもできますが、その挙動はグローバル変数のときとは異なります。CHAPTER7-02のコラム「プログラムの組み立て方」で紹介したとおり、関数内で定義されるローカル変数のメモリーは、関数が呼び出されたときに自動的に確保され、終了したときに自動的に解放されます。しかし、staticを付けて宣言したローカル変数のメモリーは常に同じところにあり、その値は残り続けます。これがどういうことかというと、関数を2回実行したとき、前の実行のときの値が残っているということです。

実際にプログラムで確かめてみましょう。

```c
#include <stdio.h>

void func(){
    int x = 0;
    static int y = 0;
    x++;
    y++;
    printf("x: %d, y: %d\n", x, y);
}

int main(){
    func();
    func();
    return 0;
}
```

　このプログラムはfunc()という関数を2回呼び出しています。func()の中では、xとyという変数を定義し、それらを1ずつ増やして、その値を表示しています。yの方だけstaticを付けています。これを実行すると次のような結果になります。

```
x: 1, y: 1
x: 1, y: 2
```

　static宣言していないxは、関数が呼び出される度に初期化されますが、static宣言したyは、関数が最初に呼び出されたときにのみ初期化され、それ以降は関数が終わってもその値を保持し続けます。そのため、yは前の1回目の実行の結果にさらに1を加えた2が2回目の実行の結果になるのです。

　ここで注意してほしい点として、通常の変数では「int i = 0」のような初期化と「int i; i = 0;」という宣言と代入の組み合わせは同等のものですが、staticな変数では別の意味になるということです。初期化は初回の宣言の際に1回のみ実行されるということを覚えておいてください。

　staticな変数は格納するメモリーの位置が変わらないことから、「静的（スタティック：static）な変数」と呼ばれます。malloc()関数などで確保する動的なメモリー領域とは対極にあるものですね。

☑ ファイル入出力のデータの流れをストリームといいます。また、ファイルポインタを通してファイルにアクセスします

☑ ファイルを扱うときはfopen()関数でファイルを開き、処理が終わったらfclose()関数でファイルを閉じるという操作が基本になります。ファイルが開けない場合、fopen()関数はNULLを返します

☑ fgets()関数はテキストファイルから1行を読み込む関数です

☑ fprintf()関数はテキストファイルにデータを書き出す関数です

☑ 拡張子が「.h」のファイルはヘッダファイルで、関数のプロトタイプ宣言や構造体や定数の定義などが書かれています

☑ 実行ファイルができるまでには、プリプロセッサによる前処理、コンパイラによるコードの変換、オブジェクトファイルの結合というプロセスがあります

☑ マクロはプリプロセッサに対する指令文です

☑ #includeはヘッダファイルを取り込むためのマクロです

☑ #defineはプログラムコードの置き換えを行うマクロです。キーワードの定義にも使われます

☑ #ifは条件によってコンパイルするコードを選択するのに使うマクロです。キーワードが定義されているかを調べるために、#ifdefや#ifndefも使えます

☑ 2つのソースファイルをコンパイルするには、gccに複数のソースファイルを指定します。より複雑なファイル構成の場合は、メイクファイルを用意する必要があります

☑ extern宣言したグローバル変数は、ファイルを隔てても同じ変数として扱えます

☑ static宣言したグローバル変数は、ファイルごとに別の変数とみなされます

☑ static宣言したローカル変数は、関数が終了しても値が残り続ける静的な変数になります

Ⓐ 次のプログラムは文字列を1行分読み込むプログラムの一部です。空欄に当てはまるコードを答えてください。

```
char s[1024];

┌──────┐
└──────┘
fpr = fopen("a.txt", "r");
if(fpr) {
    fgets(s, 1024, fpr);
    printf("%s", s);
    fclose(fpr);
}
```

Ⓑ 次の図はプログラムを構成するファイルの関係を表したものです。ア～オが次の1.～5.のどれに当てはまるかを答えてください。

1. ソースファイル
2. ヘッダファイル
3. 実行ファイル
4. オブジェクトファイル
5. ライブラリファイル

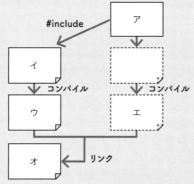

Ⓒ 次のようなマクロDFがあるとき、「20 - DF(3+2, 5+4)」の計算結果はいくつになるでしょうか。

```
#define DF(x, y) y-x
```

Ⓓ 次の説明は、extern、staticのどちらに関する説明かをそれぞれ答えてください。

a) 変数の有効範囲をそれぞれのソースファイルの中だけに限定する。
b) ファイルを隔てて変数を同じものとして扱う。
c) 関数を抜けても関数内のその変数のためのメモリは残り続ける。
d) 永続的
e) 静的

Arduinoを使った マイコン プログラミング

最後のパートではArduinoというマイコンボードを
使ってプログラミングをしてみます。Arduinoはプ
ログラムを読み込ませることで、いろいろな動作を
させることができる機械です。そのプログラムはC
言語に似た文法で記述するので、ここまでの知識を
生かせるはずです。

とはいえ、実機を用意するのは大変なので、本書では
エミュレーターを使って、コンピューター上で
Arduinoプログラミングを体験してみます。少し独
特なところもありますが、ぜひマイコンプログラミ
ングを楽しんでみてください。

CHAPTER

10 » Arduinoの プログラミング

この章では、今まで学習してきた知識を利用して、
Arduino(アルデュイーノ)というマイコンボードの
プログラミングにチャレンジしていきます。
電子回路を組んだり、エミュレーターを使ったりと、
新しいことばかりのように見えますが、
蓋を開けてみるとそこまで複雑なことはありません。
ただし、電子部品を扱うため、独特なところも確かにあります。
なお、本書では実機は使わずに、無料で入手できる
エミュレーターでの動作確認にとどめておきます。
興味をもった方は実機を購入して試してみてください。

これから学ぶこと

✔ Arduinoとは何かを学び、開発環境を準備します

✔ エミュレーターSimulIDEでArduinoの動きをシミュレートする方法について学びます

✔ SimulIDEで簡単な回路を作ってみます

✔ ArduinoのコードをSimulIDEで実行する方法を学びます

イラスト 10-1 まずは環境を準備しましょう

機器やソフトウェアの動作を模倣するアプリケーションのことをエミュレーターといいます。ArduinoのエミュレーターSimulIDEを使えば無料で手軽にArduinoプログラミングを始められます。

CHAPTER 10

Arduino

この節では、Arduinoとはどんなものなのか、そしてArduinoを使ってどんなことができるのかを見ていきます。

✔ Arduinoの概要

Arduinoは、マイコンボードとそのプログラミング環境であるArduino IDEのセットです。マイコンボード本体にある複数の入出力端子ピンに、LED、モーター、温度センサーなどの電子工作部品をつなげて、これらをプログラムで制御することができます。Arduinoを制御するプログラムは、パソコン上で手軽に作成できます。

例えば、LEDランプを点灯・点滅させる、スピーカーを使って音を出すといったことができます。複雑なものでは、自作のラジコンを作ることも可能です。

画像 10-1 Arduinoマイコンボード

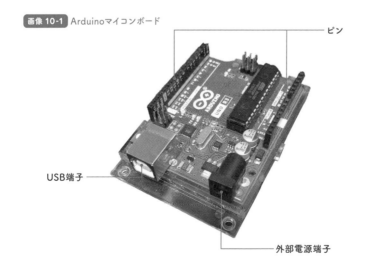

ピン

USB端子

外部電源端子

Arduinoのマイコンボードにはいろいろな種類がありますが、もっともベーシックなものが、この画像のArduino UNOです。大きさは7cm×5cm程度と小型です。

マイコン

マイコンとは「マイクロコンピュータ」の略で、限定的な機能をもった小型のコンピュータを表します。例えば、冷蔵庫の庫内温を温度センサーから取得して温度を上下させる命令を制御したり、キーボードで押されたキーの命令をパソコン本体へ伝えたりします。電子機器の中ではマイコンがさまざまな計測や制御のために使われています。

IDE

IDE（Integrated Development Environment：統合開発環境）とは、プログラムの開発に必要なソフトウェアのツール類を集めて統一的に使えるようにした開発環境のことです。ツール類の例としては、コーディングを行うテキストエディタをはじめ、コンパイラ、デバッガ（デバッグツール）、ユーザーインタフェースのデザインツールなどがあります。MicrosoftのVisual StudioやオラクルのJDeveloperなどが有名です。

✔ Arduino IDEのインストール

Arduinoのプログラミング環境であるArduino IDEをインストールしましょう。Arduino IDEは公式サイト（URL：https://www.arduino.cc/en/Main/Software）からダウンロードできます。

ページをすこし下にスクロールすると、Arduino IDEの項目が出てきます。

画面 10-1 ダウンロード画面①

Download the Arduino IDE

ARDUINO 1.8.12

The open-source Arduino Software (IDE) makes it easy to write code and upload it to the board. It runs on Windows, Mac OS X, and Linux. The environment is written in Java and based on Processing and other open-source software.
This software can be used with any Arduino board. Refer to the Getting Started page for Installation Instructions.

Windows Installer, for Windows 7 and up
Windows ZIP file for non admin install

Windows app Requires Win 8.1 or 10
Get

Mac OS X 10.10 or newer

Linux 32 bits
Linux 64 bits
Linux ARM 32 bits
Linux ARM 64 bits

Release Notes
Source Code
Checksums (sha512)

右側にWindows用のリンクが3つありますが、今回は1番上のWindows Installerを選ぶことにします。

　次に寄付のお願いの画面になりますが、とりあえず「JUST DOWNLOAD」（今すぐダウンロード）をクリックします。

　ダウンロードしたファイルをダブルクリックすると、Windowsの警告のダイアログが表示されますので、「はい」を選んで進みます。インストーラーが起動するので、順に進めていけば作業は完了です。

画面 10-3 Windowsの警告のダイアログ（UAC：ユーザーアクセス制御）

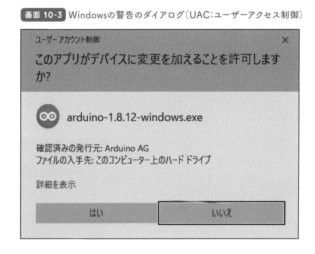

画面 10-4 ライセンスの同意画面では「I Agree」をクリック

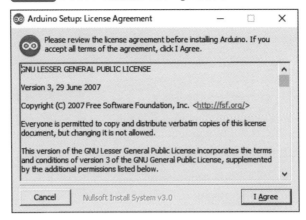

画面 10-5 インストール内容はそのままで「Next >」をクリック

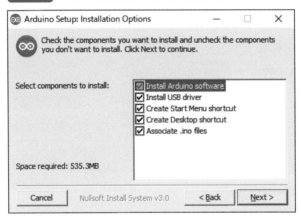

画面 10-6 「Install」をクリックするとインストールが始まります

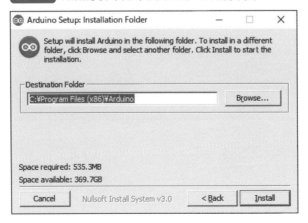

画面 10-7 デバイスのインストールの確認ダイアログが3回表示されるので「インストール」を選びます

画面 10-8 これでArduino IDEのインストールは完了です

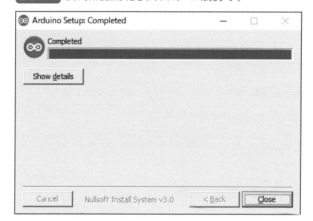

CHAPTER 10

02

エミュレーター
SimulIDE

早速、実際にArduinoを使ったプログラミングをしていきたいところですが、今回は実機ではなくエミュレーターを使って開発するので、エミュレーターをインストールしておきましょう。

✓ SimulIDEの概要

Arduinoを使って電子工作をする場合は、Arduino本体やLED、ワイヤ等のパーツをそろえなければいけません。Arduinoの入門キットは、それほど高価ではないとはいえ、数千円の費用負担が発生するので、場合によっては厳しいこともあるでしょう。また、実際に配線の手間がかかりますし、作業スペースも必要です。

そこで今回は「SimulIDE」というArduinoエミュレーターを使うことにします。エミュレーターを使えば、すべてコンピュータの中で電子工作の手順を試すことができ、気軽にArduinoの動作シミュレーションをすることができます。

✓ SimulIDEの入手

SimulIDEは以下のサイトからダウンロードできます。最新バージョンの［Windows64］（32bit版Windowsの方は［Windows32］）をクリックすると、zipファイルがダウンロードされます。
https://www.simulide.com/p/downloads.html

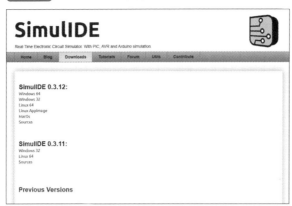

　ダウンロードしたzipファイルを任意の場所に展開（解凍）してください。このとき、一部のファイルの上書きを求められますが、新旧両バージョンを残すようにしてください（Linuxなどのファイル名に大文字と小文字を区別するOS用のファイルが含まれているため、大文字と小文字を区別しないWindowsでは上書きとみなされます）。

　SimulIDEではインストールは必要ありませんので、展開したフォルダのbinフォルダの下にある、simulide.exeをダブルクリックしてSimulIDEを起動してください。このとき、下の左のようなセキュリティの警告ダイアログが表示されます。［詳細情報］をクリックすると下部に［実行］ボタンが出てきますので、クリックしてください。

画面 10-10　Windowsからの警告

✔ SimulIDEの画面

　それではSimulIDEを使ってみましょう。SimulIDEは画像のように3つのパネルから構成されています。左のパネルは［Components］タブが選ばれた状態になっており、回路を構成するいろいろな電子部品のアイコンが並んでいます。左のパネルのアイコンを中央のワークスペースにドラ

ッグアンドドロップして配置し、配線していくのが基本的な流れになります。電源のオン/オフは
画面上部の電源アイコンで行います。

画面 10-11 SimulIDEの画面

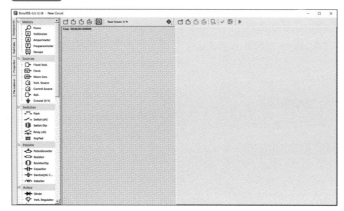

画面 10-12 ワークスペース上部のアイコン

新規作成　開く　保存　名前を付けて保存　電源

✅ ワークスペースの基本操作

SimulIDEでよく使う操作は次のようになります。

・回路が配置されていない箇所でマウスホイールを押してそのままドラッグすることで、ワークス
ペース全体をスライドすることができます。
・マウスホイールの回転でズームイン/アウトすることができます。
・部品をドラッグすることでその部品を移動することができます。
・ピンや部品の端子をクリックすることでワイヤ配線を開始することができます。
・ワイヤ上でクリックすることで分岐点を作り、新たにワイヤを配線することができます。
・ワイヤ上でマウスホイールをクリックしてそのままドラッグすることでワイヤを移動することが
できます。

また回路の空いている部分を右クリックすると、コンテキストメニューが表示され、次のような
操作を行うことができます。

・Paste：貼り付け
・Undo：元に戻す

・Redo：やり直し
・Import Circuit：回路ファイルを選択しインポートする
・Save Circuit as image：現在の回路を画像として保存する

　操作方法でわからないことがあれば、SimulIDEの公式サイト（https://www.simulide.com/p/blog-page.html）にチュートリアルがあるので参照してみてください。

✓ 回路を組んでみよう！

それでは試しに回路を1つ作成してみましょう。

画面 10-13 （SimulIDE）マイコンボードを配置

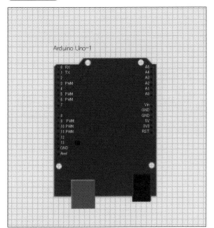

　SimulIDEのセンターパネルにArduinoのマイコンボードを配置します。左パネルの［Components］タブ→［Micro］カテゴリ→［Arduino］→［Arduino UNO］を回路上にドラッグアンドドロップします。左の図のように、Arduinoを配置することができました。
　マイコンボードの表示が小さい場合は、マウスホイールで拡大表示しておいてください。

画面 10-14 （SimulIDE）LEDを配置

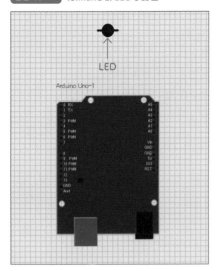

　次はArduinoにLEDを配置します。さきほどと同様に［Components］タブ→［Outputs］カテゴリ→［LED］を回路上に配置します。すこしみづらいですが、LEDのアイコンは丸の中に「▶|」という記号があり、左側がアノード（＋）、右側がカソード（－）になります。LEDの中で電流は▶の向き、すなわち＋から－に流れます。ここで、LEDを右クリックし、［Horizontal Flip］を選択し、向きを「|◀」にしておいてください。

画面 10-15 アノード（＋）側を配線

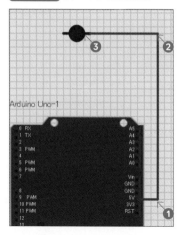

LEDが配置できたら、Arduino上の5Vピンをクリックします。すると、マウスにワイヤの先端が追随して配線できるようになるので、❶〜❸の順にクリックしてLEDのアノード（＋）側のピンまでワイヤを伸ばし、ピンをクリックして回路をつなげましょう。これで回路の＋側の配線は完了です。

画面 10-16 カソード（－）側を配線

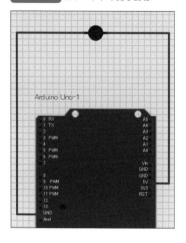

あとは同様に、LEDのカソード（－）側のピンとArduinoのGND（グラウンド）ピンをつなげます。これで5Vから電流を流し、LEDを経由してGNDに至る回路が完成です。

画面 10-17 Arduino UNOのピン配置

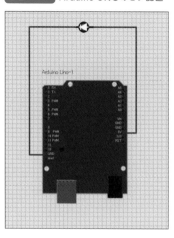

　電源アイコンをクリックすれば、回路のシミュレートが開始されてLEDが黄色く光ります。止めるときはもう一度電源アイコンをクリックします。

Arduino UNOのピン配置

5Vピンは常に5Vの電圧がかかっているピンです。電圧の高さのことを電位とも呼びますが、5Vピンは電位が高いところということになります。それに対しGND（グラウンド）は回路の中で一番電位が低いところを表します。電流はよく水の流れにたとえられますが、電位が高いところから低いところへ流れ込む性質をもっています。つまり5VピンとGNDピンをつなぐと、電流は5VピンからGNDピンに向かって流れることになります。その他のピンについても、次のようにおおむね役割は決まっていますので、簡単に紹介しておきます。

Vin	外部電源入力
5V	5V出力
3.3V	3.3V出力
RST	RESET
A0〜A5	アナログ入力（256段階）
0〜13	デジタル入出力（ただし3、5、6、9、10、11はアナログ出力にすることも可能、13は隣のLEDに接続）
Aref	アナログ入力用参照電位
GND	グラウンド

☑ 回路の保存

ひととおり作業が終わったら、この内容を保存しておきましょう。［名前を付けて保存］のアイコンをクリックして任意の場所に保存します。なお、SimulIDEで保存してできる回路ファイルの拡張子は.simuになります。

基本的な Arduinoプログラミング

CHAPTER 10

03

エミュレーターを動かす準備もできたので、この節からはArduinoのプログラミングについて学んでいきます。Arduinoマイコンボードの13番ピン近くのLEDランプを光らせるだけの初歩的な例をみながら、Arduinoプログラムの基本構造を確認し、コンパイル、実行する方法を学習しましょう。

✔ スケッチの基本構成

Arduinoを動かすためのプログラムのことを、Arduinoではスケッチと呼びます。まずはスケッチの基本構造を紹介しましょう。スケッチの文法は C++ をベースに独自の関数や定数を加えたものですが、main()関数がないなど特殊な点もあります。以下は簡単なスケッチの例です。なお、行の// 以降はコメントであることを表しています。

```
void setup() {
    pinMode(13, OUTPUT); // 13 番ピン(LED)を出力として使用する
}
void loop() {
    digitalWrite(13, HIGH); // 13 番ピンを HIGH(5V)にする
}
```

✔ setup()関数

setup()関数 はArduinoを起動した際に、最初に一度だけ呼び出される関数です。ここではピンの状態の初期設定などを行います。

pinMode()関数は、Arduino用の関数で、ここでは13番ピン（LED）を出力用に使用することを宣言しています。

pinMode(pin, mode)関数：ピンの動作を入力か出力かを設定する		
パラメータ	pin	設定したいピンの番号
	mode	INPUT（入力）か OUTPUT（出力）

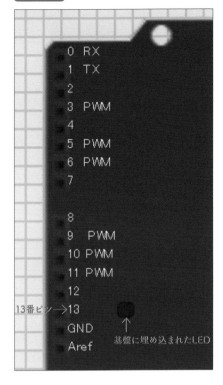

☑ loop()関数

loop()関数はArduinoプログラミングのメインの関数になります。Arduinoの電源が入り、setup()関数の処理が終わると、Arduinoの電源が切れるまでloop()関数内の処理が繰り返し行われます。ここに実際に動かしたい動作を書いていきます。

今回はLEDを点灯させたいので、digitalWrite()関数で13番ピンをHIGHの状態にしています。これにより、電源を入れたら次に電源を落とすまでLEDが光り続けるようになります。

digitalWrite(pin, value) 関数：指定したピンにHIGH（5V）またはLOW（0V）を入力する		
パラメータ	pin	出力するピンの番号
	value	HIGHまたはLOW

☑ コードの記述とスケッチのコンパイル

Arduinoのプログラムは、Arduino IDE上で記述し、コンパイルします。さきほどインストールしたArduino IDEを起動しましょう。起動するとsetup()関数とloop()関数はすでに記述されており、その中身だけ書けばよいようになっています。さきほど紹介したコードの内容をArduino IDEに記述しましょう。

画面 10-19 Arduino IDEの起動画面

スケッチが書けたらメニューの［スケッチ］→［コンパイルしたバイナリを出力］でコンパイルしましょう。コンパイルの前にスケッチを保存するダイアログが表示されるので、任意の名前で保存します。なお、スケッチごとにフォルダが作られ、ソースファイルはその中に.inoという拡張子で保存されます。

保存が終わるとコンパイルが開始されます。画面下部の黒い部分に「スケッチをコンパイルしています」と表示され、完了すると「コンパイルが完了しました」という表示になります。

スケッチのフォルダには拡張子が.hexというファイルが2つ生成されていることがわかります。これらがArduinoを動かすためのプログラムになります。

> ドキュメント > Arduino > sketch_jun17a

名前

◎ sketch_jun17a.ino

sketch_jun17a.ino.standard.hex

sketch_jun17a.ino.with_bootloader.standard.hex

検証・コンパイル

複雑なプログラムを作成する場合は、左上の◉マークのボタンをクリック（またはメニューの［スケッチ］→［検証・コンパイル］を選択）することで、コンパイルを実行し、文法エラーがないかを確認できます。このときは、hexファイルは一時フォルダに格納されます。

ブートローダー

ブートローダーとは、ハードウェアが起動する（ブート）する際に実行される、OSなどのプログラムをロードするプログラムのことです。hexファイルは、ソースファイル名に「.with_bootloarder」がついたものと、ついていないものの2つが生成されます。前者はブートローダーを含んだもの、後者は含んでいないものです。hexファイルをマイコンボードに書き込むとき、標準のブートローダーは上書きされるので、ブートローダーなしの場合は通常のブート処理が行われません。通常は「with_bootloarder」がついていないほうで大丈夫です。

✔ | プログラムのロードと実行

　以上でスケッチを書く工程は終わったので、次はsimulIDEで回路を作っていきます。今回はArduinoのマイコンボード以外の部品は使わないので、回路上にArduino UNOだけを配置します。
　次に、配置したArduino UNOを右クリックして、［Load firmware］を選択します。するとファイルを選択するウィンドウが出てくるので、さきほどできたhexファイル（「with_bootloarder」がついていないほう）を選択します。これでsimulIDE上のArduino UNOにさきほどのプログラムがロードされました。

電源を入れるとプログラムが実行され、Arduino UNOのLED（13ピン）が点灯します。

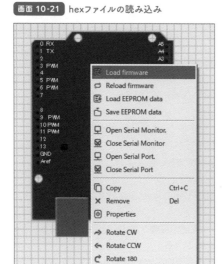
画面 10-21 hexファイルの読み込み

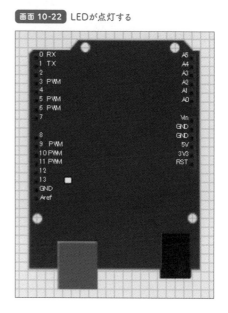
画面 10-22 LEDが点灯する

✔ LEDランプを点滅させてみる

LEDを点滅させたい場合はdelay()関数を使って次のようなスケッチを作成します。

```
void setup() {
    pinMode(13, OUTPUT); // 13番ピン(LED)を出力として使用する
}
void loop() {
    digitalWrite(13, HIGH); // 13番ピンをHIGH(5V)にする
    delay(1000); // 1000m秒=1秒待つ
    digitalWrite(13, LOW); // 13番ピンをLOW(0V)にする
    delay(1000);
}
```

delay(ms)関数：指定した時間だけプログラムを停止する		
パラメータ	ms	停止する時間。単位はミリ秒（1/1000秒）

　このスケッチでは、setup()関数で13番ピンを出力に設定したのち、loop()関数内の「13番ピンをHIGHにする→1000ミリ秒待つ→13ピンをLOWにする→1000ミリ秒…」という処理が繰り返し行われます。これによって電源を切るまでLEDが1秒ごとに点滅を繰り返すようになります。

プログラムがうまく動作せず、スケッチを修正してもう一度SimulIDEにロードしたい場合もあるかもしれません。そのようなときは、修正したスケッチをコンパイル後、simulIDE上のArduinoマイコンボードを右クリックし、[Reload firmware] を選択すれば、ファイルを指定しなおさなくて済みます。

実機への書き込み

本書では詳しくは触れませんが、Arduino IDEを使って。Arduinoマイコンボードにhexファイルを書き込むことができます。
実機に書き込むには、Arduino IDEで次の3ステップで行います。

0) 実機とPCをUSBで接続する。(Arduino側はUSB2.0のType-Bなのでご注意ください)
1) メニュー ［ツール］-［マイコンボード］から実機の種類を選ぶ。またはメニュー ［ツール］-［ボード情報を取得］で実機を認識させる。
2) メニュー ［ツール］-［シリアルポート］から出力先のポート（COM+数字）を選ぶ。
3) メニュー ［スケッチ］-［マイコンボードに書き込む］で書き込みを実行する。

書き込みが終了すればPCに接続しないで実機を動かすことができます。

CHAPTER 10 ›› まとめ

- ✔ Arduinoは、マイコンボードとArduino IDEのセットのことをいいます

- ✔ SimulIDEはArduinoエミュレーターの一種です

- ✔ Arduinoを動かすためのプログラムのことを、スケッチと呼びます

- ✔ スケッチは、最初に1度だけ実行されるsetup()関数と、繰り返し呼び出されるloop()関数からできています

- ✔ スケッチをコンパイルしたファイルはSimulIDEで〔Load firmware〕を選択して取り込みます

- ✔ pinMode()関数は、ピンの動作モードを指定します

- ✔ digitalWrite()関数は、ピンに信号を出力します

- ✔ delay()関数は一定時間プログラムを停止させます

Ⓐ 次の図は Arduino を使った開発の流れを表しています。ア〜ウの空欄を埋めてください。

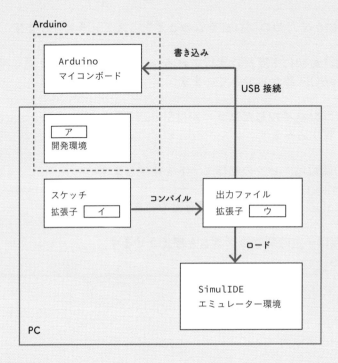

Ⓑ 次の中から間違っているものを1つ選んでください。

1. スケッチではHIGHは5V、LOWは0Vを表す。

2. ハードウェアが起動する（ブートする）際、OSなどのプログラムをロードするプログラムをブートローダーという。

3. スケッチでプログラムを1秒待つときには「delay(1)」を実行する。

4. LED は「▶|」で表し、左側をアノード（＋極）、右側をカソード（−極）という。

CHAPTER

11 » Arduino
実践編

前章では、Arduinoを使った簡単なプログラミングを学びました。
この章では、より複雑な回路、より複雑なプログラムを
組むことで、Arduinoに難しい処理をさせ、
今まで学習してきたことが実際にどのように活用できるのか
実感していきましょう。

これから学ぶこと

✓ スイッチを使ってLEDの点灯・消灯を制御する方法を学びます。

✓ 7セグメントLEDディスプレイに数字を表示するプログラムを作成します。

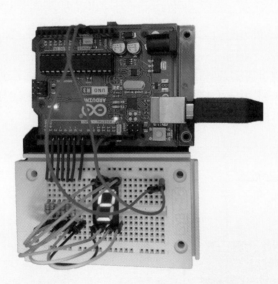

画像11-1　スイッチや7セグメントLEDディスプレイを組み込んだ回路を作ります

プッシュスイッチと、LEDで光るデジタル文字を表示できる、7セグメントLEDディスプレイを使ったプログラムについて見ていきましょう。

スイッチを使う

前章ではArduinoだけを使ってスケッチを実行しましたが、この節からは回路に組み込んで、Arduinoができることを増やしていきましょう。手始めにスイッチを使ってArduinoの動きを制御する方法を見ていきます。

✔ スイッチを押しているあいだ点灯する

SimulIDEを起動し次のようにスイッチを組み込んでみましょう。スイッチといってもいろいろな種類がありますが、今回は［Switches］カテゴリの［Push］を使います。部品を右クリックして［Rotate CW］（時計回りに回転）を選ぶと、部品を回転させることができます。

抵抗器は［Passive］カテゴリの［Resistor］を使います。電源とGNDを直接配線すると実機では大電流が流れてしまうため、途中に抵抗器をつなげています。

画面 11-1 スイッチを使った回路

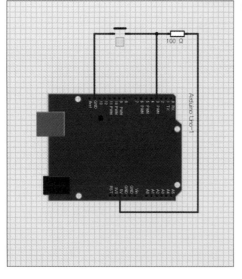

この回路では、スイッチを押していないあいだは3番ピンがHIGH（5V）になり、スイッチを押しているあいだはLOW（0V）になります。

次にArduino IDEでスケッチを書きましょう。スイッチを使ってLEDの点灯/消灯を切り替えたいときは、digitalRead()関数を使って以下のようなスケッチを書きます。

リスト 11-01.txt

```
void setup() {
    pinMode(13, OUTPUT);
}
void loop() {
    if(digitalRead(3) == LOW) { // 3番ピンの値がLOWの場合
        digitalWrite(13, HIGH);
    } else { // 3番ピンの値がLOWではない(HIGHである)場合
        digitalWrite(13, LOW);
    }
}
```

digitalRead(pin, value) 関数: 指定したピンの値が HIGH(5V)か LOW(0V)かを読み取る。		
パラメータ	pin	出力するピンの番号
戻り値		HIGHまたはLOW

このスケッチでは、まずsetup()関数の13番ピンを出力に設定したあと、loop()関数内のif文により、3番ピンの入力がLOWならば13番ピンの出力をHIGHにし、入力がHIGHなら出力をLOWにするという処理が繰り返し行われます。以降は、前章の「プログラムのロードと実行」と同じ手順でsimulIDE上のArduinoにロードして、動作を確認できます。

✔ スイッチを押すごとに点灯/消灯を切り替える

では次は、スイッチを押すごとに点灯と消灯が切り替わるスケッチを組んでみましょう。状態を記憶するために変数を使います。

リスト 11-02.txt

```
int n = 0; // 状態を表す変数

void setup() {
    pinMode(13, OUTPUT);
}
void loop() {
    if(digitalRead(3) == LOW) { //3番ピンがLOW=スイッチが離されたとき
        delay(20); // チャタリングに反応しないようにするため20ミリ秒待つ
                   // スイッチが離されるのを待つ
        while(digitalRead(3) == LOW) {
            delay(5);
        }
```

```
        n++;
        if(n % 2 == 0){ //スイッチが押された回数が偶数回のとき処理が行われる
            digitalWrite(13, LOW);
        } else {//スイッチが押された回数が奇数回のとき
            digitalWrite(13, HIGH);
        }
    }
}
```

　このスケッチでは、スイッチが押された回数をnに代入して、nが奇数ならLEDを点灯させ、偶数ならLEDを消灯するようにしています。

　スイッチを押した直後は接続のオン/オフが高速で切り替わる（チャタリングする）状態になることがあるので、delay()関数で20m秒ほど処理を遅延させることで動作が安定します。またスイッチを押しているあいだにプログラムが進んでしまわないように、while文などで遅延させ続ける必要があります。

　このように、電子回路にスイッチを組み込んだり、スケッチにif文などの制御文を書き込んだりすることによって、Arduinoはより複雑な処理を行えるようになります。

CHAPTER 11

02

スイッチを押した回数を表示する

この節では、7セグメントLEDディスプレイという、数字をデジタル表示できる部品とスイッチを組み合わせて、スイッチを押した回数を表示するスケッチを書いてみましょう。

✔ 7セグメントLEDディスプレイとは

7セグメントLEDディスプレイとは画面11-2のような部品で、その名のとおり七つの棒が光ることで数字を表せるディスプレイのことです。デジタル表示の時計でよく使われているので、見かけたことはあるかと思います。

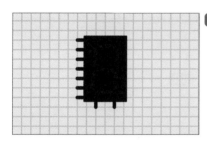

画面 11-2 7セグメントLEDディスプレイ

左側面のピンは7本あり、上から順にa〜gとすると、それぞれのピンは次の図のように対応します。また、下側のピンのうち、左はディスプレイ右下のドットと対応しています。

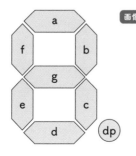

画像 11-2 7セグメントLEDディスプレイの
ピン対応

そして、これらのピンのどれに電流を流すかを変えることで、数字などをディスプレイに表示させることができます。例えば 1 を表示したいときはbピンとcピンにだけ電流を流し、それ以外には電流を流さないようにします。

下についている右側のピンの機能は製品によって異なり、＋極（アノード）または－極（カソード）を表します。今回はカソードである7セグメントLEDディスプレイを使うことにします。

アノードコモン、カソードコモン

LEDは普通1つの部品につき2本の足をもつため、8つのLEDがあれば16本のピンが必要になるところですが、7セグメントLEDディスプレイではスペースの関係で、＋極または－極が1つに束ねられた構造になっています。＋極（アノード）側が束ねられたものをアノードコモン、－極（カソード）側が1つに束ねられたものをカソードコモンと呼びます。

☑ 7セグメントLEDディスプレイの配線

ではSimulIDEを使って7セグメントLEDとArduinoを配線していきましょう。SimulIDEを起動したらまずは画像のように回路を組みます。7セグメントLEDは [Outputs] カテゴリの [Segment] を使用します。

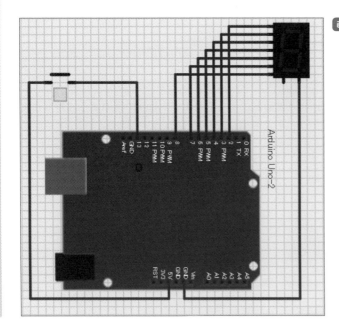

画面 11-3 7セグメントLEDディスプレイを
使った回路

　Arduinoの2〜8番ピンをそれぞれ7セグメントLEDディスプレイのa〜gピンにつなげています。また、今回はスイッチを押した回数を7セグメントLEDディスプレイに表示するスケッチを書くため、5Vのピンから13番ピンのあいだにスイッチを配置しています。このように配線すれば、13番ピンの状態を調べることでスイッチのオン/オフを感知し、カウンタを増やしていくことが可能になります。

　カウンタとピンの電圧のかけかたの対応は次のようになります。1はHIGH、0はLOWを表します。この表はあとでスケッチを書く際に利用します。

表 11-1 7SegmentMap

LEDディスプレイのピン →	a	b	c	d	e	f	g
Arduinoのピン →　表示する数字↓	2	3	4	5	6	7	8
0	1	1	1	1	1	1	0
1	0	1	1	0	0	0	0
2	1	1	0	1	1	0	1
3	1	1	1	1	0	0	1
4	0	1	1	0	0	1	1
5	1	0	1	1	0	1	1
6	1	0	1	1	1	1	1
7	1	1	1	0	0	1	0
8	1	1	1	1	1	1	1
9	1	1	1	1	0	1	1

✔ スケッチの作成

　それではいよいよさきほどの電子回路を使って、スイッチを押された回数と同じ数字を表示してみましょう。さらに、スイッチを長押しすると、カウントが0に戻るようにしてみます。

リスト 11-03.txt

```
int cnt = 0; //カウンタ(スイッチを押した回数)


// LED レイアウト
int LEDArray[][7] = {
    {1,1,1,1,1,1,0},    // 0
    {0,1,1,0,0,0,0},    // 1
    {1,1,0,1,1,0,1},    // 2
    {1,1,1,1,0,0,1},    // 3
```

```
    {0,1,1,0,0,1,1},      // 4
    {1,0,1,1,0,1,1},      // 5
    {1,0,1,1,1,1,1},      // 6
    {1,1,1,0,0,1,0},      // 7
    {1,1,1,1,1,1,1},      // 8
    {1,1,1,1,0,1,1}       // 9
};

// LED 表示
void printNum(int c){
    for (int seg = 0; seg <= 7; seg++) {
        digitalWrite(seg+2, - LEDArray[c][seg]);
    }
}

void setup() {
    // 2番ピンから8番ピンまでを出力用に設定
    for(int i = 2; i <= 8; i++) {
        pinMode(i, OUTPUT);
    }
    printNum(cnt); // 起動時にディスプレイに0を表示する
}

void loop() {
    if(digitalRead(13) == HIGH) {// スイッチが押されたとき

    // チャタリング禁止と押下時間計測
    unsigned long t = millis(); // スイッチを押した時点での時間
    delay(20);
    while(digitalRead(13) == HIGH)
        delay(5);

        // 長押しでなければカウントアップ、長押しのときカウンタリセット
        if(millis() - t < 500)
            cnt = (cnt + 1) % 10;
        else
            cnt = 0;
        printNum(cnt);
    }
}
```

millis()関数：Arduinoの時計を利用してプログラムが実行してからの時間を取得する	
パラメータ	なし
戻り値	プログラムが実行してからの時間。単位はミリ秒(1/1000 秒)。

　このスケッチは大きく分けて3段階構成になっています。

☑ 数字の表示

まず、引数に数字を渡すとそれをLEDディスプレイに表示する関数printNum()を作ります。どのピンをHIGHにするかを定義するために、表11-1（7SegmentMap）をもとにしたLEDArrayというint型の2次元配列関数を用意しておきます。printNum()関数ではこの配列を利用して2～8番ピンに信号を出力します。配列は見通しをよくするため点灯を1、消灯を0で表していますが、HIGHは-1、LOWは0を表すので、digitalWrite()関数で指定するときは、値の前に「-」を付けているところに注意してください。

☑ setup()関数での初期化

setup()関数では、2～8番ピンを出力として利用することを宣言しておきます。今回のように利用するピンが多い場合はfor文などを使ってできるだけコードを短くまとめましょう。また、電源を入れた際にディスプレイに"0"を表示させています。

☑ loop()関数の処理

loop()関数では、printNum()関数を使ってスイッチを押した回数が表示されるようにします。まず1行目のif文によってスイッチが押されたかどうかを判別します。前節ではスイッチが押されたときにピンがLOWになりましたが、今回の回路ではスイッチを押すと13番ピンが5Vピンにつながり、HIGHになるのでこのような条件式になります。また、今回のスケッチではスイッチを押したとき以外は何もしないためelse文はありません。

次にスイッチが長押しされたのかどうかを調べます。millis()関数を使って変数tにスイッチを押した瞬断の時刻を代入し、このtと現在の時刻millisを比較して500m秒より短い（＝短押し）場合は、カウンタcntを進め、そうでない（＝長押し）場合はcntを0に戻しています。そしてcntを引数としてprintNum()関数を呼び出すことで、カウンタと同じ数字をLEDディスプレイに表示しています。

☑ | 動作確認

以上でスケッチの作成は完了です。電源を入れて動作を確認してみましょう。最初は「0」が表示されており、スイッチ（白い四角形の部分）を押すごとに数字が増えていく様子が見られるはずです。長押しすると数字は0に戻ります。なお、スイッチを13番ピンにつないでいるため、スイッチを押すごとにArduino内蔵のLEDが光ります。

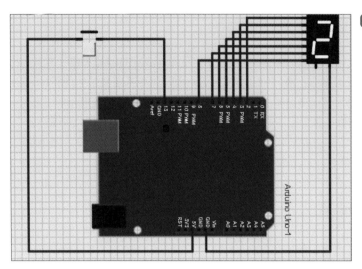

画面 11-4 7セグメントLEDディスプレイの
動作確認

ブレッドボード

ここまでArduinoを学習してきて、Arduinoを使った電子工作に興味をもったものの、
自分にははんだ付けなどの工作は難しそうと思った人もいるかもしれません。そんな
場合は、ブレッドボードを使うのが便利です。

ブレッドボードとは、本来はパン（bread）を切るときに使うまな板（board）を指
す言葉ですが、電子工作の分野においては、部品やワイヤを穴（ソケット）に差し込
むだけで、電子回路を組むことができる基盤のことを表します。はんだ付けをせず、
部品やワイヤをソケットに差し込んでいるだけなので、簡単に部品を入れ替えたり回
路を組みなおしたりすることができます。

イラスト 11-a　ブレッドボード

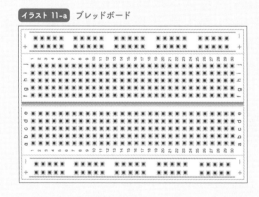

ブレッドボードの表面にはたくさんのソケットがありますが、＋と－のソケットは裏
で横方向につながっていて、いずれか1つずつを電源の＋極と－極につなぎます。また、
a〜e、f〜j はそれぞれ裏で縦方向につながっています。ただし、eとfのあいだはつな
がっていません。

CHAPTER 11 » **まとめ**

- ✓ ピンに電圧がかかっているかはdigitalRead()関数で調べられます

- ✓ millis()関数はプログラムが実行してからの時間を取得します

- ✓ 7セグメントLEDディスプレイは数字などをデジタル表示するための部品で、7本の数字用のピンと1本のドット用のピン、1本の＋または－のピンから構成されます

- ✓ 長押しを判断するには、スイッチを押した時間を変数にとっておいて現在の時間と比較します

練 習 問 題

A 学習した内容を参考にして、普通のLEDをスイッチのオン・オフで切り替えるスケッチを作成してみました。ア〜ウの空欄に入る文を答えてください。

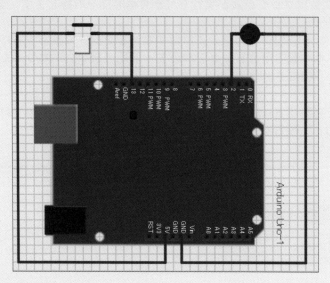

```
int n = 0;
void setup() {
    pinMode(2, OUTPUT);
    digitalWrite(2, LOW);
}

void loop() {
    if(    ア    ) {

        unsigned long t = millis();
        delay(20);
        while(    イ    )
            delay(5);

        n++;
        if(    ウ    ) {
            digitalWrite(2, LOW);
        } else {
            digitalWrite(2, HIGH);
        }
    }
}
```

Ｂ 7セグメントディスプレイは工夫次第で右のようにアルファベットを表現することもできます。リスト11-3.txtのスケッチを16進表記に対応させるにはどのようにスケッチを変更すればよいでしょうか。次のア、イの空欄に当てはまるコードを答えてください。

```
 A    B    C    D    E    F
AbcdEF
```

変更前

```
int cnt = 0; //カウンタ(スイッチを押した回数)

// LED レイアウト
int LEDArray[][7] = {
    {1,1,1,1,1,1,0}, // 0
    {0,1,1,0,0,0,0}, // 1
    {1,1,0,1,1,0,1}, // 2
    {1,1,1,1,0,0,1}, // 3
    {0,1,1,0,0,1,1}, // 4
    {1,0,1,1,0,1,1}, // 5
    {1,0,1,1,1,1,1}, // 6
    {1,1,1,0,0,1,0}, // 7
    {1,1,1,1,1,1,1}, // 8
    {1,1,1,1,0,1,1} // 9
};

// LED 表示
void printNum(int c){
    for (int seg = 0; seg <= 7; seg++) {
        digitalWrite(seg+2, - LEDArray[c][seg]);
    }
}

void setup() {
    // 2番ピンから 8番ピンまでを出力用に設定
    for(int i = 2; i <= 8; i++) {
        pinMode(i, OUTPUT);
    }
    printNum(cnt); // 起動時にディスプレイに0を表示する
}

void loop() {
    if(digitalRead(13) == HIGH) {// スイッチが押され
たとき
        // チャタリング禁止と押下時間計測
        unsigned long t = millis(); // スイッチを押
した時点での時間
        delay(20);
        while(digitalRead(13) == HIGH)
            delay(5);

        // 長押しでなければカウントアップ、長押しのときカウ
ンタリセット
        if(millis() - t < 500)
            cnt = (cnt + 1) % 10;
        else
            cnt = 0;
        printNum(cnt);
    }
}
```

変更後

```
int cnt = 0; //カウンタ(スイッチを押した回数)

// LED レイアウト
int LEDArray[][7]={
    {1,1,1,1,1,1,0}, // 0
    {0,1,1,0,0,0,0}, // 1
    {1,1,0,1,1,0,1}, // 2
    {1,1,1,1,0,0,1}, // 3
    {0,1,1,0,0,1,1}, // 4
    {1,0,1,1,0,1,1}, // 5
    {1,0,1,1,1,1,1}, // 6
    {1,1,1,0,0,1,0}, // 7
    {1,1,1,1,1,1,1}, // 8
    {1,1,1,1,0,1,1},

            ［　ア　］

};

// LED 表示
void printNum(int c){
    for (int seg = 0; seg <= 7; seg++) {
        digitalWrite(seg+2, - LEDArray[c][seg]);
    }
}

void setup() {
    // 2番ピンから8番ピンまでを出力用に設定
    for(int i = 2; i <= 8; i++) {
        pinMode(i, OUTPUT);
    }
    printNum(cnt); // 起動時にディスプレイに 0 を表示する
}

void loop() {
    if(digitalRead(13) == HIGH) {// スイッチが押された
とき
        // 長押しかどうかを調べる
        unsigned long t = millis(); // スイッチを押し
た時点での時間
        delay(20);
        while(digitalRead(13) == HIGH)
            delay(5);

        // 長押しでなければカウントアップ、長押しのとき
カウンタリセット
        if(millis() - t < 500)
            cnt = (cnt + 1) % ［イ］
        else
            cnt = 0;
        printNum(cnt);
    }
}
```

247

CHAPTER 1

Ⓐ の解答
低水準言語

Ⓑ の解答
③

Ⓒ の解答
1・チルダ、2・ホームディレクトリ

Ⓓ の解答
プロンプト

CHAPTER 2

Ⓐ の解答
③

Ⓑ の解答
%5.3f

Ⓒ の解答

```
$ gcc -o test1 mytest.c
$ ./test1
```

CHAPTER 3

Ⓐ の解答
① ウ short　② ア long　③ キ float

Ⓑ の解答
ア {1, 3, 5, 7, 9}　イ a[1]　ウ a[3]

Ⓒ の解答
155

Ⓓ の解答
ア <string.h>

イ strlen(s)

ウ s[l-4]

CHAPTER 4

Ⓐ の解答

ア if(score >=85)

イ else if(score >=70)

ウ else if(score >=50)

エ else

Ⓑ の解答

ア == イ * ウ || エ !

Ⓒ の解答

n > 3 ? n : 0

Ⓓ の解答

ア

CHAPTER 5

Ⓐ の解答

ア i+=2

イ s2[i/2] = s1[i];

ウ s2[i/2]

Ⓑ の解答

イ （ア）は一度も実行されず、（ウ）は無限ループになります

Ⓒ の解答

for(j=0; j<data[i]/5; j++)

Ⓓ の解答

ア a[i] != 0

イ case -1:

ウ case -2:

エ default:

CHAPTER 6

Ⓐ の解答

```
int *pa = &a;
float *pb = &b;
char *pc = &c;
char *pd = d;
```

Ⓑ の解答

ア p = *(buf + 3);

イ q = &a;

C の解答

ア　s

イ　*p

ウ　*p

エ　p++

D の解答

ア　(short *)

イ　sizeof(short) * num

ウ　*p

エ　p++

オ　free(buf)

CHAPTER 7

A の解答

ア　b　イ　a　ウ　d　エ　c

B の解答

ア　char *

イ　int n

ウ　char *s

C の解答

ア

D の解答

ア　3　イ　1　ウ　2(イとウは逆でも可)

CHAPTER 8

A の解答

d

B の解答

cardinfoは構造体変数であり、他の構造体変数には使えない。最後の行を「struct _ cardinfo mycardinfo」とすればよい。

C の解答

typedef unsigned char * LPBYTE;

D の解答

ア　.　イ　->　ウ　.

CHAPTER 9

Ⓐの解答

FILE *fpr;

Ⓑの解答

ア：2　イ：1　ウ：4　エ：5　オ：3

Ⓒの解答

18（20-5+4-3+2と計算される）

Ⓓの解答

externの説明：b)、d)

staticの説明：a)、c)、e)

CHAPTER 10

Ⓐの解答

ア　　Arduino IDE

イ　　ino

ウ　　hex

Ⓑの解答

3.　（1ではなく1000）

CHAPTER 11

Ⓐの解答

ア　digitalRead(13) == HIGH

イ　digitalRead(13) == HIGH

ウ　n % 2 == 0

Ⓑの解答

ア

```
                 // 9
{1,1,1,0,1,1,1}, // A
{0,0,1,1,1,1,1}, // B
{1,0,0,1,1,1,0}, // C
{0,1,1,1,1,0,1}, // D
{1,0,0,1,1,1,1}, // E
{1,0,0,0,1,1,1}  // F
```

イ

```
16
```

Index 索引

■ 著者

株式会社アンク

　ソフトウェア開発から、Web システム構築、Web ページデザインまで幅広く手がける会社。Microsoft 系の技術に強く、近年は SharePoint 関連の業務が多くなっている。

　また、創業当時から長年に渡って、IT 関連書籍の執筆も手がけている。

　著書に絵本シリーズ「『C の絵本 第 2 版』『C++ の絵本 第 2 版』『PHP の絵本 第 2 版』『Python の絵本』」ほか、辞典シリーズ「『ホームページ辞典 第 6 版』『HTML5&CSS3 辞典 第 2 版』『HTML タグ辞典 第 7 版』『CSS 辞典 第 5 版』『JavaScript 辞典 第 4 版』」（すべて翔泳社刊）など多数。

STAFF

カバーデザイン	米倉英弘（株式会社細山田デザイン事務所）
本文デザイン	木寺 梓（株式会社細山田デザイン事務所）
カバー・本文イラスト	芦野公平
本文 DTP	柏倉真理子
編集	石川耕嗣

■商品に関する問い合わせ先

このたびは弊社商品をご購入いただきありがとうございます。本書の内容などに関するお問い
合わせは、下記のURLまたはQRコードにある問い合わせフォームからお送りください。

https://book.impress.co.jp/info/

上記フォームがご利用頂けない場合のメールでの問い合わせ先
info@impress.co.jp

※お問い合わせの際は、書名、ISBN、お名前、お電話番号、メールアドレス に加えて、「該当する
ページ」と「具体的なご質問内容」「お使いの動作環境」を必ずご明記ください。なお、本書の範囲
を超えるご質問にはお答えできないのでご了承ください。

●電話やFAXでのご質問には対応しておりません。また、封書でのお問い合わせは回答までに日数をいた
だく場合があります。あらかじめご了承ください。
●インプレスブックスの本書情報ページ https://book.impress.co.jp/books/1119101134 では、本書
のサポート情報や正誤表・訂正情報などを提供しています。あわせてご確認ください。
●本書の奥付に記載されている初版発行日から 3 年が経過した場合、もしくは本書で紹介している製品や
サービスについて提供会社によるサポートが終了した場合はご質問にお答えできない場合があります。

■落丁・乱丁本などの問い合わせ先
　FAX　03-6837-5023
　service@impress.co.jp
※古書店で購入された商品はお取り替えできません。

基礎 C 言語

2022年5月21日　初版第1刷発行

著者	株式会社アンク
発行人	小川 亨
編集人	高橋隆志
発行所	株式会社インプレス 〒101-0051　東京都千代田区神田神保町一丁目105番地 https://book.impress.co.jp/

本書は著作権法上の保護を受けています。本書の一部あるいは全部に
ついて（ソフトウェア及びプログラムを含む）、株式会社インプレス
から文書による許諾を得ずに、いかなる方法においても無断で複写、
複製することは禁じられています。

Copyright © 2022 ANK Co., Ltd all rights reserved.

印刷所　シナノ書籍印刷株式会社
ISBN978-4-295-01395-2 C3055
Printed in Japan